新工人三级安全教育丛书

机械制造企业新工人
三级安全教育读本
（第二版）

主　　编　张俊燕　刘　建
副 主 编　李钊源　赵靖雨
参编人员　田　珍　徐梦瑶　陆晓玥　黄辉玄
　　　　　黄春新　朱　明　李乾坤

中国劳动社会保障出版社

图书在版编目(CIP)数据

机械制造企业新工人三级安全教育读本/张俊燕，刘建主编. —2版. —北京：中国劳动社会保障出版社，2015

（新工人三级安全教育丛书）

ISBN 978-7-5167-1812-4

Ⅰ.①机…　Ⅱ.①张…②刘…　Ⅲ.①机械制造企业-安全生产-安全教育　Ⅳ.①TH188

中国版本图书馆CIP数据核字(2015)第087922号

中国劳动社会保障出版社出版发行

（北京市惠新东街1号　邮政编码：100029）

*

中国标准出版社秦皇岛印刷厂印刷装订　新华书店经销

880毫米×1230毫米　32开本　8.75印张　228千字

2015年5月第2版　2019年7月第3次印刷

定价：28.00元

读者服务部电话：（010）64929211/84209101/64921644

营销中心电话：（010）64962347

出版社网址：http://www.class.com.cn

内 容 简 介

本教材从安全生产的基本知识入手，结合三级安全教育的具体要求，着重强调了机械制造行业新员工上岗前应知应会的内容，主要介绍了安全生产基础知识、专业安全知识、职业危害与防治、劳动防护用品管理及使用、机械制造企业事故分析、事故应急救援与处置措施等内容。本教材从实践的角度，对机械制造行业各种类型的事故案例进行了深入的分析，并精心选择了大量习题，力求使新员工通过培训，掌握机械制造行业的安全基本知识和自我保护常识，达到“三不伤害”（不伤害自己、不伤害他人、不被他人伤害），符合安全上岗的要求。

本书由北京科技大学张俊燕、刘建担任主编；北京科技大学李钊源、中国机械设备工程股份有限公司赵靖雨担任副主编；其他参编人员包括：北京科技大学田珍、徐梦瑶、陆晓玥、黄辉玄，沈阳航空航天大学黄春新，中国电子系统工程第二建设有限公司朱明，中国航天科工防御技术研究院党校李乾坤。

由于编者水平有限，本书难免存在疏漏之处，敬请批评指正，以便持续改进。

前　言

《中华人民共和国安全生产法》（中华人民共和国主席令第13号）规定："生产经营单位应当对从业人员进行安全生产教育和培训，保证从业人员具备必要的安全生产知识，熟悉有关的安全生产规章制度和安全操作规程，掌握本岗位的安全操作技能，了解事故应急处理措施，知悉自身在安全生产方面的权利和义务。未经安全生产教育和培训合格的从业人员，不得上岗作业"。

《生产经营单位安全培训规定》（国家安全生产监督管理总局令第3号）规定：

"煤矿、非煤矿山、危险化学品、烟花爆竹等生产经营单位必须对新上岗的临时工、合同工、劳务工、轮换工、协议工等进行强制性安全培训，保证其具备本岗位安全操作、自救互救以及应急处置所需的知识和技能后，方能安排上岗作业。"

"加工、制造业等生产单位的其他从业人员，在上岗前必须经过厂（矿）、车间（工段、区、队）、班组三级安全培训教育。"

企业对新入厂的工人进行三级安全教育，既是依照法律履行企业的权利与义务，同时也是企业实现可持续发展的重要措施。

不同行业的企业生产特点各不相同，存在的危险因素也大相径庭，要求工人掌握的安全生产技能和要求也有根本的区别，很难通过一本书来面面俱到地涉及不同行业需要的不同内容。"新工人三级安全教育丛书"按行业分类，更加深入、细致、全面地讲述相应行业的生产特点和技术要求，以及本行业作业人员可能遇到的典型的危险因素，可有助于工人快速地掌握本行业的安全生产知识，更贴近企业三级安全教育的要求，利于不同行业的企业进行新工人培训时使用，使新工人在学习了相关内容之后能够顺利地走上工作岗位，并对其今后正确处理工作中遇到的安全生产问题具有指导意义。

“新工人三级安全教育丛书”在2008年推出第一版后，受到了广大企业用户的欢迎和好评，纷纷将与企业生产方向相近的图书品种作为新工人三级安全教育的教材和学习用书，取得了很好的效果。2009年以来，我国安全生产相关的法律法规进行了一系列修改，尤其是2014年12月1日开始实施的新修改《安全生产法》，对用人单位从业人员的安全生产培训教育提出了更高的要求。为了能够给各行业企业提供一套适应时代发展要求的图书，我社对原图书品种进行了改版，并增加了建筑施工企业、道路交通运输企业两个行业的品种。新出版的丛书是在认真总结和研究企业新工人三级安全教育工作的基础上开发的，并在书后附了用于新工人三级安全教育的试题以及参考答案，将更加具有针对性，是企业用于新工人三级安全教育的理想图书。

目　　录

第一章　安全生产基础知识

第一节　三级安全教育的基本概念

三级安全教育制度是企业安全教育的基本制度。教育的对象是新进厂的人员，包括新进厂的员工、季节工、代培人员和实习人员。三级安全教育是指厂（矿）级安全教育、车间（工段、区、队）级安全教育、班组级安全教育。机械制造企业的三级安全教育授课时间累计不得少于24学时（45～50分钟为1学时）。

一、三级安全教育的内容

1. 厂级安全教育

（1）讲解国家有关安全生产的方针、政策、法令、法规及行业相关的规程、规定，讲解劳动保护的意义、任务、内容及基本要求，使新入厂人员树立“安全第一、预防为主”和“安全生产，人人有责”的思想。

（2）介绍本企业的安全生产情况，包括企业发展史（含企业安全生产发展史）、企业生产特点、企业设备分布情况（着重介绍特种设备的性能、作用、分布和操作注意事项）、主要危险及要害部位、基本安全生产知识，介绍企业的安全生产组织机构及企业的主要安全生产规章制度等。

（3）介绍企业安全生产的经验和教训，结合企业和同行业常见事故案例进行剖析讲解，阐明伤亡事故的原因及事故处理程序等。

（4）提出希望和要求。如要求受教育人员要按《全国职工守则》和《企业职工奖惩条例》积极工作；要树立“安全第一、预防为主”的思想；在生产劳动过程中努力学习安全技术、操作规程，经常参加安全生产经验交流、事故分析活动和安全检查活动；

要遵守操作规程和劳动纪律，不擅自离开工作岗位，不违章作业，不随便出入危险区域及要害部位；要注意劳逸结合，正确使用劳动防护用品等。

新入厂人员必须全部进行安全教育，教育后要进行考试，成绩不合格者要重新教育，直至合格，并填写《职工三级安全教育记录表》。

厂级安全教育的授课时间一般为8学时。

2. 车间级安全教育

各车间有不同的生产特点和不同的要害部位、危险区域和设备，因此，在进行本级安全教育时，应根据各自的情况，详细讲解，内容应包括：

（1）介绍本车间的生产特点、性质。如车间的生产方式及工艺流程；车间人员结构，安全生产组织及活动情况；车间主要工种及作业中的专业安全要求；车间危险区域和作业场所、有毒有害岗位情况；车间安全生产规章制度和劳动防护用品穿戴要求及注意事项；车间事故多发部位、原因以及相应的特殊规定和安全要求；车间常见事故案例及分析；车间安全生产、文明生产的经验与问题等。

（2）根据车间的特点介绍安全技术基础知识。

（3）介绍消防安全知识及事故应急自救和逃生的方法。

（4）介绍车间安全生产和文明生产制度。

车间级安全教育授课时间一般为8学时。

3. 班组级安全教育

班组是企业生产的“前线”，生产活动是以班组为基础的。由于操作人员活动在班组，机具设备在班组，事故常常发生在班组，因此，班组安全教育非常重要，班组级的安全教育应包括：

（1）介绍本班组的生产概况、特点、范围、作业环境、设备状况、消防设施等。重点介绍可能发生伤害事故的各种危险因素和危险部位，可利用一些典型事故案例进行剖析讲解。

（2）讲解本岗位使用的机械设备、工具、器具的性能，防护装置的作用和使用方法。讲解本工种安全操作规程和岗位责任及有关安全注意事项，使学员真正从思想上重视安全生产，自觉遵守安全操作规程，做到不违章作业，爱护和正确使用机器设备、工具等。介绍班组安全活动内容及作业场所的安全检查和交接班制度。教育学员在发现了事故隐患或发生了事故后，应及时报告领导或有关人员，并学会如何紧急处理险情。

（3）讲解正确使用劳动防护用品及其保管的方法和安全文明生产的要求。

（4）实际安全操作示范，重点讲解安全操作要领，边示范边讲解，说明注意事项，并讲述哪些操作是危险的、是违反操作规程的，使学员懂得违章作业将会造成的严重后果。

班组安全教育的授课时间为 8 学时。

二、三级安全教育的组织实施

厂（矿）级安全教育培训一般由企业人事部门组织，安全技术管理部门与教育部门配合共同实施。车间（工段、区、队）级安全教育培训由车间（工段、区、队）负责人会同车间安全管理人员负责组织实施。班组级安全教育由班组长会同安全员、带班师傅组织实施。

三、三级安全教育的要求

（1）三级安全教育的程序：厂、车间、班组分别建立职工安全教育档案。由厂级安全管理部门管理，三级安全教育时间不得少于 24 学时，职工经过考试合格后，方能上岗。

（2）职工调整工作岗位或离岗一年以上重新上岗时，必须进行相应的车间级或班组级安全教育。

（3）安全生产贯穿整个生产劳动过程中，而三级教育仅仅是安全教育的开端。新人员只进行三级教育还不能单独上岗作业，还必须根据岗位特点，对他们再进行生产技能和安全技术培训。对特种作业人员，必须进行专门培训，经考核合格，方可持证上岗操作。另外，根据机械制造企业生产发展情况，还要对职工进行定期复训安全教育等。

四、三级安全教育的意义

安全生产人命关天，机械制造企业安全事故大部分是由于工人不懂安全操作知识，盲目蛮干，违章作业而造成的。三级安全教育是职工接受的一次正规的安全教育，因此应以对职工生命高度负责的责任感，严把关口，扎扎实实地开展好三级安全教育，发挥教育员工的职能，不断强化员工的安全意识，提高员工的自我保护能力，使职工牢固树立起正确的安全观，积极投入到安全生产中去。

（1）加强法制观念，使员工懂得企业安全生产的各项规章制度是同生产秩序和个人安全密切相关的，从而使广大员工认清自己在安全生产中不单纯是安全管理的对象，更重要的是安全生产的主人，从而提高员工搞好安全生产的自觉性、责任感和积极性。

（2）让员工深刻理解安全与自己的生活、工作、家庭、幸福息息相关，一次重大的生产事故，不仅给本人和家庭带来不幸，也给企业以及他人带来巨大的损失。教育员工要在工作中热爱自己的岗位，保持心情舒畅，遵章守纪，与企业同呼吸，共命运。

（3）全技能教育。通过安全技术培训，提高员工劳动技能，克服蛮干和违章的不良习惯，使员工熟练掌握一般安全知识和专业安全技术。

第二节　安全生产的相关知识

一、安全生产常用的基本概念

1. 安全

安全泛指没有危险、不受威胁和不出事故的状态。而生产过程中的安全是指不发生工伤事故、职业病、设备或财产损失的状况，也就是指人不受伤害，物不受损失。要保证生产作业过程中的安全，就要努力改善劳动条件，克服不安全因素，杜绝违章行为，防止发生伤亡事故。

2. 工伤和工伤保险

工伤也称职业伤害，是指劳动者（职工）在工作或者其他职业活动中因意外事故伤害和职业病造成的伤残和死亡。一般而言，意外事故必须与劳动者从事工作或职业的时间和地点有关，而职业病必须与劳动者从事的工作或职业的环境、接触有毒有害物质的浓度和时间有关。

工伤保险又称职业伤害保险，是指劳动者由于工作原因并在工作过程中遭受意外伤害，或因接触粉尘、放射线、有毒有害物质等职业危害因素引起职业病，由国家或社会给负伤者、致残者以及死亡者生前供养亲属提供必要的物质帮助的一项社会保险制度。

3. 危险有害因素

由于能量的存在，使生产过程中的人、机、物料和环境等本身储存了过高的能量，如果方法不当，生产过程的能量不按照人们预期的方式和程序流动或释放，或者释放的量超过了人们可以接受的程度，就会发生事故。概括地说，对人造成伤亡、健康损害、疾病或对物造成损害的因素就是危险有害因素。

按照起因物、引起事故的诱导原因、致害方式等，可将危险有害因素分为20类，分别为物体打击、车辆伤害、机械伤害、起重伤害、触电、淹溺、灼烫、火灾、高处坠落、坍塌、冒顶片帮、透水、放炮、火药爆炸、瓦斯爆炸、锅炉爆炸、容器爆炸、其他爆炸、中毒和窒息、其他伤害。

4. 特种作业人员

特种作业人员是指其作业的场所、操作的设备、作业内容具有较大的危险性，容易发生伤亡事故，或者容易对操作者本人、他人以及周围设施的安全造成重大危害的作业人员。

机械制造行业常见的特种作业人员有：电工作业人员、金属焊接切割作业人员、起重机械作业人员、场（厂）内专用机动车辆驾驶人员、登高架设作业人员、锅炉作业（含水质化验）人员、压力容器操作人员、制冷作业人员、垂直运输机械作业人员、安装拆卸工、起重信号工等，以及由省、自治区、直辖市安全生产综合管理部门或国务院行业主管部门提出，并经前国家经济贸易委员会批准的其他作业人员。特种作业人员必须按照国家有关规定经过专门的安全作业培训，并取得特种作业操作资格证书后，方可上岗作业。专门的安全作业培训，是指由有关主管部门组织的专门针对特种作业人员的培训，也就是特种作业人员在独立上岗作业前，必须进行与本工种相适应的、专门的安全技术理论学习和实际操作训练。经培训考核合格，取得特种作业操作资格证书后，才能上岗作业。

5. 特种设备作业人员

锅炉、压力容器、电梯、起重机械、客运索道、大型游乐设施、场（厂）内专用机动车辆的作业人员及其相关管理人员称为特种设备作业人员。

特别注意，特种设备作业人员证和特种作业操作证是两种不同的证件，特种设备作业人员证由质量技术监督部门颁发；特种作业操作证由安全生产监督管理部门颁发。两者没有共同点，不通用。

二、安全生产的方针

安全生产方针对安全管理工作有重要的指导意义。通过对我国安全生产方针内容的学习，能使人们认识到安全生产的重要性，从而更好地开展安全教育培训，指导人们正确地处理在生产经营过程中遇到的各种安全问题。我国的安全生产方针是“安全第一、预防为主、综合治理”。这一方针是开展安全生产工作总的指导方针，是长期实践的经验总结。

1. 安全生产方针的含义

安全第一是指在生产经营活动中，在处理保证安全与实现生产经营活动的其他各项目标的关系上，要始终把安全特别是从业人员和其他人员的人身安全放在首要的位置，实行安全优先的原则。在确保安全的前提下，努力实现生产经营的其他目标。当安全工作与其他活动发生冲突与矛盾时，其他活动要服从安全，绝不能以牺牲人的生命、健康、财产为代价换取发展和效益。

预防为主是指在实现安全第一的各种工作中，做好预防工作是最主要的。这就要求人们防微杜渐，防患于未然，把事故和职业危害消灭在萌芽状态。这是安全生产方针的核心和具体体现，是实施安全生产的根本途径，也是实现安全第一的根本途径。

综合治理是指安全生产必须综合运用法律、经济、科技和行政手段，从发展规划、行业管理、安全投入、科技进步、经济政策、教育培训、安全文化以及责任追究等方面着手，建立安全生产长效机制。将综合治理纳入安全生产方针，标志着对安全生产的认识上升到一个新的高度，是贯彻落实科学发展观的具体体现。

2. 正确理解安全生产方针

（1）坚持“以人为本”的思想。安全生产方针体现出了“以人为本”的思想。人的生命是最宝贵的，因此始终要把保证员工的生命安全和健康放在各项工作的首要位置。安全生产关系到员工的生命安全，“安全第一”的方针要求各级人民政府、政府有关部门及其工作人员、企业负责人及其管理人员，都必须始终坚持“以人为本”的思想，把安全生产作为经济工作和经营管理工作的首要任务。同样，也要求员工树立“以人为本”的思想，时刻把保护自己和他人的生命安全和健康作为大事，时刻绷紧安全这根弦，当安全与生产发生矛盾时，能够正确处理，确保安全。

（2）所谓预防为主，就是要把预防生产安全事故的发生放在安全生产工作的首位。对安全生产的管理，主要不是在发生事故后去组织抢救，进行事故调查，找原因，追责任、堵漏洞，而要谋事在先、尊重科学、探索规律，采取有效的事前控制措施，尽最大努力预防事故的发生，做到防患于未然，将事故消灭在萌芽状态。虽然人类在生产生活中还不可能完全杜绝安全事故的发生，但只要思想重视，预防措施得当，绝大部分事故特别是重大事故是可以避免发生的。从生产事故发生的原因来看：一是对安全生产和防范事故工作重视不够，主要表现为重生产、轻安全，把安全生产和经济发展对立起来，对一些重大事故隐患视而不见，空洞说教多，具体落实少，安全监督检查流于形式；二是有法不依，有章不循，执法不严，违法不究；三是有的重视事故发生后的调查处理，但对预防事故重视不够，必要的安全投入不够，甚至对已经出现的重大隐患没有及时采取防护措施，致使事故发生。因此，坚持预防为主，就要坚持培训教育为主。在提高生产经营单位主要负责人、安全管理人员和从业人员的安全素质上下功夫，最大限度地减少违章指挥、违章作业、违反劳动纪律的现象，努力做到“不伤害自己，不伤害他人，不被他人伤害”。只有把安全生产的重点放在建立事故隐患预防体系上，超前防范，才能有效减少事故造成的损失，实现安全第一。

（3）坚持综合治理。综合治理，是指适应我国安全生产形势的要求，秉承安全发展的理念，自觉遵循安全生产规律，正视安全生产工作的长期性、艰巨性和复杂性，抓住安全生产工作中的主要矛盾和关键环节，综合运用经济、法律、行政等手段，人管、法治、技防多管齐下，并充分发挥社会、职工、舆论的监督作用，形成标本兼治、齐抓共管的格局，有效解决安全生产领域的问题。实施综合治理，是一种新的安全管理模式，是保证“安全第一，预防为主”的安全管理目标实现的重要手段和方法，只有不断健全和完善综合治理工作机制，才能有效贯彻安全生产方针。

在社会主义市场经济条件下，利益主体多元化，不同利益主体对待安全生产的态度和行为差异很大，需要具体分析、综合防范；安全生产涉及的领域广泛，每个领域的安全生产又各具特点，需要防治手段多样化；实现安全生产，必须从文化、法制、科技、责任、投入入手，多管齐下，综合施治；安全生产法律政策的落实，需要各级党委和政府的领导、有关部门的合作以及全社会的参与；目前我国的安全生产既存在历史积淀的沉重包袱，又面临经济结构调整、增长方式转变带来的挑战，要从根本上解决安全生产问题，就必须实施综合治理。

三、安全生产的基本原则

在我国，除了应遵循“安全第一、预防为主、综合治理”的安全方针外，还应遵循一些基本原则，包括：第一，四不伤害；第二，三不违章；第三，工伤事故“四不放过”；第四，工程项目“三同时”；第五，生产与安全统一；第六，3E 原则。

1. 四不伤害

四不伤害原则包括：

（1）不伤害自己。在工作中，要按照相应的安全操作规程进行操作，注意个人防护装置，穿戴要符合要求。

（2）不伤害别人。除了不伤害自己外，也要做到不伤害别人。

（3）不被别人伤害。在工作中，有的人会有意无意伤害到别人，这时就要保护好自己不被别人伤害。

（4）保护他人不受伤害。在企业中，应实行亲情式管理，企业的管理者要像管理家庭一样管理企业，这样才能赢得员工的心。同时管理者也要给员工灌输相互关心的观点，强调亲情和亲和力，让员工多关心别人。

在企业中，员工之间一定要相互关心，确保自己没有问题的同时，也要确保身边的人没有问题，须知如果别人出了安全事故，也会影响自己。

2. 三不违章

三不违章原则，即不违章操作、不违章指挥和不违反劳动纪律。

3. 工伤事故“四不放过”

工伤事故“四不放过”原则包括：

第一，事故原因分析不清不放过。

第二，没有防范措施不放过。

第三，事故责任者和员工没有受到教育不放过。

第四，事故责任人没有受到处理不放过。

企业中出事故后，只有从以上四个方面进行反思，才是系统解决问题。需注意，这四个方面不能顾此失彼，应当都做好。

4. 工程项目“三同时”

所谓工程项目“三同时”原则，是指在新改扩或者技术改造时，劳动安全卫生设施必须与工程同时设计、同时施工、同时投入生产和使用。比如，消防通道、危险化学品仓库等要同时设计、同时施工、同时投入生产和使用。

企业有时也需要采用“五同时”原则，即在组织生产，进行计划、布置、检查、总结和评比生产时，同时进行计划、布置、检查、总结、评比安全工作。安全工作是正常工作的一部分，两者密不可分。

5. 生产与安全统一

生产与安全统一原则，指在企业中谁主管谁负责，管生产的必须管安全，做技术的必须懂安全。

6. 3E

安全管理的 3E 原则，即 Engineering、Education 和 Enforcement。

Engineering：即利用技术手段消除安全隐患。例如，用机械化代替手工生产，采用红外线防错措施等，这也是目前比较流行的办法。随着社会的发展，企业的投入越来越多，自动化程度越来越高。

Education：指对员工的安全意识和安全能力进行培训。

Enforcement：指对员工特别是对基层员工进行强制要求，要求员工必须按照安全设备的操作规范作业。

第三节　安全生产法律法规

安全生产法律法规是保护劳动者在生产过程中的生命安全和身体健康的有关法令、规程、条例、规定等法律文件的总称。安全生产法律法规的主要作用是调整生产过程及商品流通过程中人与人之间、人与自然之间的关系，维护劳动法律关系中的权利与义务、生产与安全的辩证关系，以保障劳动者在生产过程中的安全和健康。

一、安全生产法律体系的基本框架

我国安全生产法律体系是包含多种法律形式和法律层次的综合性系统，主要有以安全生产法律法规为基础的宪法规范、行政法律规范、技术性法律规范、程序性法律规范。按法律地位及效力同等原则，安全生产法律体系体现为如图 1—1 所示的层级。

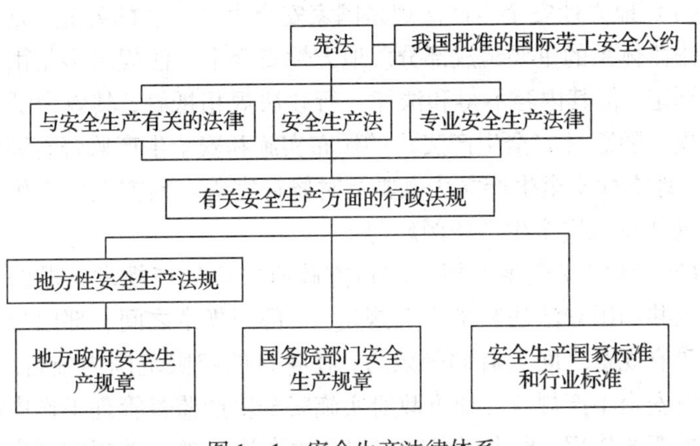

图 1—1　安全生产法律体系

（1）《中华人民共和国宪法》（以下简称《宪法》）。《宪法》是安全生产法律体系框架的最高层级，其中第四十二条“加强劳动保护、改善劳动条件”是安全生产方面具有最高法律效力的规定。

（2）安全生产方面的法律。基础法有《中华人民共和国安全生产法》（以下简称《安全生产法》）和与它平行的专业安全生产法律和与安全生产有关的法律。《安全生产法》是综合规范安全生产的法律，是我国安全生产法律体系的核心。专业安全生产法律是规范某一专业领域安全生产的法律，如《中华人民共和国矿山安全法》《中华人民共和国海上交通安全法》《中华人民共和国消防法》（以下简称《消防法》）等。与安全生产有关的法律是指安全生产专门法律以外的其他法律中有安全生产规定内容的法律。这类法律有《中华人民共和国劳动法》（以下简称《劳动法》）《中华人民共和国建筑法》《中华人民共和国煤炭法》《中华人民共和国铁路法》《中华人民共和国民用航空法》《中华人民共和国全民所有制企业法》等。

（3）安全生产行政法规是国务院为执行安全生产法律和施行安全生产行政管理职能而制定的具体规定，是实施安全生产监督管理和监察工作的重要依据。安全生产行政法规有《使用有毒物品作业场所劳动保护条例》等。

（4）地方性安全生产法规是国家安全生产立法的补充，是安全生产法律体系的重要组成部分。地方性安全生产法规虽多是由法律授权制定，但其内容不得和法律、行政法规相抵触，其效力低于行政法规。随着《安全生产法》的颁布实施和安全生产监督管理体制改革，地方性安全生产立法也要及时修订完善。地方性安全生产法规如《北京市安全生产条例》等。

（5）部门安全生产规章和地方政府安全生产规章。根据《中华人民共和国立法法》的有关规定："部门规章之间、部门规章与地方政府规章之间具有同等效力，在各自的权限范围内施行。"地方政府安全生产规章在地方政府实施安全生产监督管理工作中起着十分重要的作用，也需要根据《安全生产法》的有关规定制定、修订地方的安全生产规章，使这些规章一方面从属于法律和行政法规，另一方面又从属于地方法规，不得与法律、行政法规、地方法规相抵触。

（6）安全生产标准。有关安全生产方面的标准有国家标准、行业标准、地方标准和企业标准。根据《中华人民共和国标准化法》的规定，国家标准、行业标准分为强制性标准和推荐性标准。保障人体健康，人身、财产安全的标准和法律、行政法规规定强制执行的标准是强制性标准。有关安全生产方面的国家标准和行业标准是实施安全生产管理和监督执法的重要技术依据。强制性标准与世界贸易组织《技术性贸易壁垒协议》（WTO/TBT）规定的技术性法规在制定范围和作用上是基本一致的，作为我国技术法规的主要表现形式已经得到了 WTO/TBT 委员会的认可。

（7）已批准的国际劳工安全公约。国际劳工公约属国际法范畴，虽不应包括在我国法律体系内，但凡是我国批准了的，均构成我国相关法律的渊源，在我国国内具有法律效力。

二、主要相关的法律法规

1.《宪法》

《宪法》第四十二条规定："中华人民共和国公民有劳动的权利和义务。国家通过各种途径，创造劳动就业条件，加强劳动保护，改善劳动条件，并在发展生产的基础上，提高劳动报酬和福利待遇……”第四十三条规定：“中华人民共和国劳动者有休息的权利，国家发展劳动者休息和休养的设施，规定职工的工作时间和休假制度。”第四十八条规定：“国家保护妇女的权利和利益……”

2.《劳动法》

《劳动法》共有十三章一百零七条，于1994年7月5日第八届全国人民代表大会常务委员会第8次会议审议通过，自1995年1月1日起施行。立法是为了保护劳动者的合法权益，调整劳动关系，建立和维护适应社会主义市场经济的劳动制度，促进经济发展和社会进步。第四章对维护和实现劳动者的休息权利，合理地安排工作时间和休息时间作出了法律规定；第六章从6个方面规定了我国职业健康安全法规的基本要求；第七章对女职工和未成年工特殊职业健康安全要求作出了法律规定。2009年8月27日第十一届全国人民代表大会常务委员会第十次会议通过《全国人民代表大会常务委员会关于修改部分法律的决定》，自公布之日起施行。修改如下：《劳动法》第九十二条中的“依照刑法第×条的规定”“比照刑法第×条的规定”修改为“依照刑法有关规定”。

3.《安全生产法》

《安全生产法》于2002年6月29日第九届全国人民代表大会常务委员会第28次会议通过，同年11月1日颁布实施。2014年8月31日第十二届全国人民代表大会常务委员会第十次会议通过全国人民代表大会常务委员会关于修改《安全生产法》的决定，自2014年12月1日起施行。共有七章一百一十四条，主要对生产经营单位的安全生产保障、从业人员的安全生产权利和义务、安全生产的监督管理、生产安全事故的应急救援与调查处理及法律责任作出了基本的法律规定。

4.《中华人民共和国职业病防治法》

《中华人民共和国职业病防治法》（以下简称《职业病防治法》）于2001年10月27日第九届全国人民代表大会常务委员会第24次会议通过，自2002年5月1日起施行。根据2011年12月31

日十一届全国人大常委会第24次会议《关于修改〈中华人民共和国职业病防治法〉的决定》修正。《职业病防治法》分总则、前期预防、劳动过程中的防护与管理、职业病诊断与职业病病人保障、监督检查、法律责任、附则7章90条，自2011年12月31日起施行。立法是为了预防、控制和消除职业病危害，防治职业病，保护劳动者健康及其相关权益，促进经济发展。职业病防治工作的基本方针是“预防为主、防治结合”；管理的原则是实行“分类管理、综合治理”。职业病一旦发生，较难治愈，所以职业病防治工作的重点是抓致病源头，采取前期预防的措施。职业病防治管理需要政府监督管理部门、用人单位、劳动者和其他相关单位共同履行自己的法定义务，才能达到预防为主的效果。《职业病防治法》中规定了劳动者职业卫生保护权利、用人单位的职业病防治职责以及职业病诊断和职业病病人待遇等。

5.《使用有毒物品作业场所劳动保护条例》

《使用有毒物品作业场所劳动保护条例》于2002年4月30日国务院第57次常务会议通过，并以国务院令第352号公布、施行。本条例共有八章七十一条，条例制定是为了保证作业场所安全使用有毒物品，预防、控制和消除职业中毒危害，保护劳动者的生命安全、身体健康及其相关权益。

6.《工伤保险条例》

《工伤保险条例》于2003年4月16日国务院第5次常务会议通过，并于2004年1月1日起施行。人力资源和社会保障部在认真总结条例实施经验的基础上，于2009年7月起草了《工伤保险条例修正案（送审稿）》，报请国务院审议。《国务院关于修改〈工伤保险条例〉的决定》已经2010年12月8日国务院第136次常务会议通过，自2011年1月1日起施行。《工伤保险条例》制定是为了保障因工作遭受事故伤害或者患职业病的职工获得医疗救治和经济补偿，促进工伤预防和职业康复，分散用人单位的工伤风险。该条例对工伤和劳动能力鉴定、工伤待遇等作了规定。

7.《生产安全事故报告和调查处理条例》

中华人民共和国国务院令第493号，经2007年3月28日国务院第172次常务会议通过，2007年4月9日公布，自2007年6月1日起施行。为了规范生产安全事故的报告和调查处理，落实生产安全事故责任追究制度，防止和减少生产安全事故，根据《安全生产法》和有关法律，制定本条例。生产经营活动中发生的造成人身伤亡或者直接经济损失的生产安全事故的报告和调查处理，适用本条例；环境污染事故、核设施事故、国防科研生产事故的报告和调查处理不适用本条例。全文共六章四十六条。

8.《中华人民共和国特种设备安全法》

《中华人民共和国特种设备安全法》（以下简称《特种设备安全法》）由中华人民共和国第十二届全国人民代表大会常务委员会第3次会议于2013年6月29日通过，2013年6月29日中华人民共和国主席令第4号公布。《特种设备安全法》分总则，生产、经营、使用，检验、检测，监督管理，事故应急救援与调查处理，法律责任，附则，共7章101条，自2014年1月1日起施行。

9.《消防法》

《消防法》的制定是为了预防火灾和减少火灾危害，加强应急救援工作，保护人身、财产安全，维护公共安全。中华人民共和国主席令第六号《中华人民共和国消防法》由中华人民共和国第十一届全国人民代表大会常务委员会第五次会议于2008年10月28日修订通过，自2009年5月1日起施行。

第四节 从业人员安全生产的权利和义务

一、从业人员的安全生产基本权利

《安全生产法》主要规定了各类从业人员必须享有的、有关安全生产和人身安全的最重要、最基本的权利。这些基本安全生产权利，可以概括为以下八项：

1. 建议权

即从业人员有对本单位的安全生产工作提出建议的权利。建议权保障从业人员作为安全生产的基本要素发挥积极的作用，做到安全生产，人人有责。《安全生产法》第五十条规定："生产经营单位的从业人员有权了解其作业场所和工作岗位存在的危险因素、防范措施及事故应急措施，有权对本单位的安全生产工作提出建议。"

2. 获得各项安全生产保护条件和保护待遇的权利

即从业人员有获得安全生产卫生条件的权利，有获得符合国家标准或者行业标准劳动防护用品的权利，有获得定期健康检查的权利等。上述权利设置的目的是保障从业人员在劳动过程中的生命安全和健康，减少和防止职业危害发生。

3. 获得安全生产教育和培训的权利

即从业人员获得本职工作所需的安全生产知识、安全生产教育和培训的权利。使从业人员提高安全生产技能，增强事故预防和应急处理能力。

4. 享受工伤保险和伤亡赔偿权

《安全生产法》明确规定了从业人员享有工伤保险和获得伤亡赔偿的权利，同时规定了生产经营单位的相关义务。《安全生产法》第四十九条规定："生产经营单位与从业人员订立的劳动合同，应当载明有关保障从业人员劳动安全、防止职业危害的事项，以及依法为从业人员办理工伤保险的事项。生产经营单位不得以任何形式与从业人员订立协议，免除或者减轻其对从业人员因生产安全事故伤亡依法应承担的责任。"第五十三条规定："因生产安全事故受到损害的从业人员，除依法享有工伤保险外，依照有关民事法律尚有获得赔偿的权利的，有权向本单位提出赔偿要求。"第四十八条规定："生产经营单位必须依法参加工伤保险，为从业人员缴纳保险费。"此外，法律还针对生产经营单位与从业人员订立协议，免除或者减轻其对从业人员因生产安全事故伤亡依法应承担责任的行为，规定此类协议无效。

5. 危险因素和应急措施的知情权

《安全生产法》第四十一条规定："生产经营单位应当教育和督促从业人员严格执行本单位的安全生产规章制度和安全操作规程；并向从业人员如实告知作业场所和工作岗位存在的危险因素、防范措施以及事故应急措施。"要保证从业人员这项权利的行使，生产经营单位就有义务事前告知有关危险因素和事故应急措施。否则，生产经营单位就侵犯了从业人员的权利，并应对由此产生的后果承担相应的法律责任。

6. 安全管理的批评检控权

从业人员是生产经营活动的直接承担者，也是生产经营活动中各种危险的直接面对者，他们对安全生产情况和安全管理中的问题最了解、最熟悉，具有他人不能替代的作用。只有依靠他们并且赋予其必要的安全监督权和自我保护权，才能做到预防为主，防患于未然，保证企业安全生产。所以，《安全生产法》第五十一条规定："从业人员有权对本单位安全生产工作中存在的问题提出批评、检举、控告；有权拒绝违章指挥和强令冒险作业。"

7. 拒绝违章指挥和强令冒险作业权

在生产经营活动中，经常出现企业负责人或者管理人员违章指挥和强令从业人员冒险作业的现象，并由此导致事故，造成大量人员伤亡。《安全生产法》第五十一条规定："生产经营单位不得因从业人员对本单位安全生产工作提出批评、检举、控告或者拒绝违章指挥、强令冒险作业而降低其工资、福利等待遇或者解除与其订立的劳动合同。"

8. 紧急情况下的停止作业和紧急撤离权

由于生产经营场所自然和人为危险因素的存在，经常会在生产经营作业过程中发生一些意外的或者人为的直接危及从业人员人身安全的危险情况，将会或者可能会对从业人员造成人身伤害。比如从事危险物品生产作业的从业人员，一旦发现将要发生危险物品泄漏、燃烧、爆炸等紧急情况并且无法避免时，最大限度地保护现场作业人员的生命安全是第一位的，法律规定他们享有停止作业和紧急撤离的权利。《安全生产法》第五十二条规定："从业人员发现直接危及人身安全的紧急情况时，有权停止作业或者在采取可能的应急措施后撤离作业场所。生产经营单位不得因从业人员在前款紧急情况下停止作业或者采取紧急撤离措施而降低其工资、福利等待遇或者解除与其订立的劳动合同。"

从业人员在行使这项权利的时候，必须明确四点：一是危及从业人员人身安全的紧急情况必须有确实可靠的直接根据，凭借个人猜测或者误判而实际并不属于危及人身安全的紧急情况除外；二是紧急情况必须直接危及人身安全，间接或者可能危及人身安全的情况不应撤离，而应采取有效的处理措施；三是出现危及人身安全的紧急情况时，首先是停止作业，然后要采取可能的应急措施，采取应急措施无效时，再撤离作业场所；四是该项权利不适用于某些从事特殊职业的从业人员，比如飞行人员、船舶驾驶人员、车辆驾驶人员等，根据有关法律、国际公约和职业惯例，在发生危及人身安全的紧急情况下，他们不能或者不能先行撤离作业场所或者岗位。

二、从业人员的安全生产基本义务

1. 遵章守规，服从管理的义务

《安全生产法》第五十四条规定："从业人员在作业过程中，应当严格遵守本单位的安全生产规章制度和操作规程，服从管理，正确佩戴和使用劳动防护用品。"根据《安全生产法》和其他有关法律、法规和规章的规定，生产经营单位必须制定本单位安全生产的规章制度和操作规程。从业人员必须严格依照这些规章制度和操作规程进行生产经营作业。生产经营单位的从业人员不服从管理，违反安全生产规章制度和操作规程的，由生产经营单位给予批评教育，依照有关规章制度给予处分；造成重大事故，构成犯罪的，依照刑法有关规定追究其刑事责任。

2. 佩戴和使用劳动防护用品的义务

按照法律、法规的规定，为保障人身安全，生产经营单位必须为从业人员提供必要的、安全的劳动防护用品，以避免或者减轻作业和事故中的人身伤害。但实践中由于一些从业人员缺乏安全知识，认为没有必要佩戴和使用劳动防护用品，往往不按规定佩戴或者不能正确佩戴和使用劳动防护用品，由此引发的人身伤害事故时有发生，造成了不必要的伤亡。因此，正确佩戴和使用劳动防护用品是从业人员必须履行的法定义务，这是保障从业人员人身安全和生产经营单位安全生产的需要。从业人员不履行该项义务而造成人身伤害的，生产经营单位不承担法律责任。

3．接受培训，提高安全生产素质的义务

从业人员的安全生产意识和安全技能的高低，直接关系到生产经营活动的安全可靠性。特别是从事危险物品生产作业的从业人员，更需要具有系统的安全生产知识，熟练的安全生产技能以及对不安全因素和事故隐患、突发事故的预防、处理能力和经验。许多国有和大型企业一般比较重视安全生产培训工作，从业人员的安全生产素质比较高。但是许多非国有和中小企业不重视或者不搞安全生产培训，有的没有经过专门的安全生产培训，或者简单应付了事，其中部分从业人员不具备应有的安全生产素质，因此违章违规操作，酿成事故的比比皆是。所以，为了明确从业人员接受培训、提高安全生产素质的法定义务，《安全生产法》第五十五条规定："从业人员应当接受安全生产教育和培训，掌握本职工作所需的安全生产知识，提高安全生产技能，增强事故预防和应急处理能力。"

4．发现事故隐患及时报告的义务

从业人员直接进行生产经营作业，他们是事故隐患和不安全因素的第一当事人。许多生产安全事故是由于从业人员在作业现场发现事故隐患和不安全因素后没有及时报告，以致延误了采取措施进行紧急处理的时机，并由此引发重大、特大事故。如果从业人员尽职尽责，及时发现并报告事故隐患和不安全因素，许多事故就能够得到及时报告并有效处理，从而完全可以避免事故发生和降低事故损失。所以，《安全生产法》第五十六条规定："从业人员发现事故隐患或者其他不安全因素，应当立即向现场安全生产管理人员或者本单位负责人报告；接到报告的人员应当及时予以处理。"这就要求从业人员必须具有高度的责任心，及时发现事故隐患和不安全因素，防患于未然，预防事故的发生。

5. 及时处理安全事故隐患的义务

根据《安全生产法》第三十八条规定："生产经营单位应当建立健全生产安全事故隐患排查治理制度，采取技术、管理措施，及时发现并消除事故隐患。"第十八条规定："生产经营单位的主要负责人具有督促、检查本单位的安全生产工作，及时消除生产安全事故隐患的职责。"第四十三条规定："生产经营单位的安全生产管理人员对检查中发现的安全问题，应当立即处理；不能处理的，应当及时报告本单位有关负责人，有关负责人应当及时处理。检查及处理情况应当如实记录在案。"

第五节 安全生产责任追究

一、行政责任

行政责任是指有违反有关行政管理的法律、法规的规定，但尚未构成犯罪的行为依法所应当承担的法律后果。行政责任一般分为两类，即行政处分和行政处罚。

行政处分是对国家工作人员及由国家机关委派到企业事业单位任职的人员的违法行为，由所在单位或者其上级主管机关所给予的一种制裁性处理。按照《行政监察法》及国务院的有关规定，行政处分的种类包括警告、记过、降级、降职、撤职、开除等。

行政处罚是对有行政违法行为的单位或个人给予的行政制裁。按照《行政处罚法》的规定，行政处罚的种类包括警告、罚款、没收财物、责令停止生产或停止营业、吊销营业执照等。

依照《安全生产法》第八十四条规定："生产经营单位发生生产安全事故，经调查确定为责任事故的，除了应当查明事故单位的责任并依法予以追究外，还应当查明对安全生产的有关事项负有审查批准和监督职责的行政部门的责任，对有失职、渎职行为的，依照第八十七条的规定追究法律责任。"对确定为责任事故的，既要查清事故单位责任者的责任，也要查清对安全生产负有监督管理职责的有关部门是否有违法审批或不依法履行监督管理职责的责任。对尚未构成犯罪的事故责任者，按照《安全生产法》“法律责任”一章中的有关规定，根据不同情节，分别给予包括降级、撤职、开除等在内的行政处分，或给予罚款等行政处罚。

二、民事责任

《民法通则》是调整一定范围的财产关系和人身关系的法律规范的总和。民事责任是民事主体违反民法的规定，违反民事义务应承担的法律后果。民事责任主要有侵权民事责任、国家机关和法人侵权的民事责任、违反《劳动法》造成劳动者损害的民事责任、违反《产品质量法》的民事责任，以及高度危险的作业造成他人损害的民事责任。

三、刑事责任

刑事责任是指有依照刑法规定构成犯罪的严重违法行为所应承担的法律后果。追究刑事责任的方式是依照刑法的规定给予刑事制裁。刑事责任是最为严厉的法律责任。

按照《安全生产法》第一百零四条规定：“生产经营单位的从业人员不服从管理，违反安全生产规章制度或者操作规程的，由生产经营单位给予批评教育，依照有关规章制度给予处分；构成犯罪的，依照刑法有关规定追究刑事责任。”这里讲的构成犯罪，主要是指构成《刑法》第一百三十四条规定的重大责任事故的犯罪。构成本条规定的犯罪，须具备以下条件：一是从业人员在客观上实施了不服从管理，违反规章制度的行为；二是造成了重大事故。按照《刑法》第一百三十四条的规定：“工厂、矿山、林场、建筑企业或者其他企业、事业单位的职工，由于不服管理，违反规章制度，或者强令工人违章冒险作业，因而发生重大伤亡事故或者造成其他严重后果的，处三年以下有期徒刑或者拘役；情节特别恶劣的，处三年以上七年以下有期徒刑。”

根据《安全生产法》第一百零六条规定：“生产经营单位的主要负责人在本单位发生生产安全事故时，不立即组织抢救或者在事故调查处理期间擅离职守或者逃匿的，给予降级、撤职的处分，并由安全生产监督管理部门处上一年年收入百分之六十至百分之一百的罚款；对逃匿的处十五日以下拘留；构成犯罪的，依照刑法有关规定追究刑事责任。”

第六节　工伤基本知识

工伤，又称为产业伤害、职业伤害、工业伤害、工作伤害，是指劳动者在从事职业活动或者与职业活动有关的活动时所遭受的不良因素的伤害和职业病伤害。

一、工伤范围

（1）根据《工伤保险条例》第十四条规定，职工有下列情形之一的，应当认定为工伤：

1）在工作时间和工作场所内，因工作原因受到事故伤害的；

2）工作时间前后在工作场所内，从事与工作有关的预备性或者收尾性工作受到事故伤害的；

3）在工作时间和工作场所内，因履行工作职责受到暴力等意外伤害的；

4）患职业病的；

5）因工外出期间，由于工作原因受到伤害或者发生事故下落不明的；

6）在上下班途中，受到非本人主要责任的交通事故或者城市轨道交通、客运轮渡、火车事故伤害的；

7）法律、行政法规规定应当认定为工伤的其他情形。

（2）根据《工伤保险条例》第十五条规定，职工有下列情形之一的，视同工伤：

1）在工作时间和工作岗位，突发疾病死亡或者在48小时之内经抢救无效死亡的；

2）在抢险救灾等维护国家利益、公共利益活动中受到伤害的；

3）职工原在军队服役，因战、因公负伤致残，已取得革命伤残军人证，到用人单位后旧伤复发的。

职工有前款第1）项、第2）项情形的，按照本条例的有关规定享受工伤保险待遇；职工有前款第3）项情形的，按照本条例的有关规定享受除一次性伤残补助金以外的工伤保险待遇。

（3）根据《工伤保险条例》第十六条规定，职工符合本条例第十四条、第十五条的规定，但是有下列情形之一的，不得认定为工伤或者视同工伤：

1）故意犯罪的；

2）醉酒或者吸毒的；

3）自残或者自杀的。

二、工伤赔偿

在我国民事立法和损害赔偿理论中，损害赔偿的归责原则可以分为过错责任、过错推定责任、无过错责任和公平责任原则。

1. 过错责任原则

过错责任不仅是指以过错作为归责的构成要件，而且是指以过错作为归责的最终要件，同时以过错作为确定侵权人责任范围的重要依据。简言之，有过错，有责任；无过错，无责任；过错多大，责任多大。这是我国《民法通则》所确立的一般归责原则。

2. 过错推定责任原则

过错推定责任原则实质是过错责任原则的发展，是指若受害人能够证明其所受侵害是由加害人所致，而加害人又不能证明自己没有过错，则推定加害人有过错并承担民事责任。该原则免除了受害人对加害人的过错承担举证责任，采用举证责任倒置的方法。

3. 无过错责任原则

无过错责任原则是指在法律特别规定的情况下，只要已经发生了损害后果，无过错的行为人就要承担民事责任。

4. 公平责任原则

公平责任原则是指加害人和受害人对损害后果均无过错，由法院根据公平观念，在考虑当事人的财产状况及其他情况的基础上，责令加害人对受害人的损害给予适当补偿。其实质是在当事人均无过错的情况下，由当事人双方公平分担损失。公平责任原则主要适用于侵犯财产权益案件，不适用于精神损害赔偿案件。

当前，对于工伤保险赔偿，世界各国普遍采用无过错责任归责原则。所谓工伤赔偿的无过错原则，即无论职业伤害的责任在于用人单位、他人还是自己，受害者都应得到必要的补偿；这种补偿是无条件的，而不管劳动者个人是否有过错。

三、工伤保险

工伤保险是社会保险制度的重要组成部分，是指国家和社会为劳动者在生产经营活动中遭受意外伤害、患职业病以及因这两种情况造成劳动者死亡、暂时或永久丧失劳动能力时，给予劳动者及其亲属必要的医疗救治、生活保障、经济补偿、医疗康复、社会康复和职业康复等物质帮助的一种社会保障制度。

职工因工作遭受事故伤害或者患职业病进行治疗，享受工伤医疗待遇。职工治疗工伤应当在签订服务协议的医疗机构就医，情况紧急时可以先到就近的医疗机构急救。治疗工伤所需费用符合工伤保险诊疗项目目录、工伤保险药品目录、工伤保险住院服务标准的，从工伤保险基金支付。工伤保险诊疗项目目录、工伤保险药品目录、工伤保险住院服务标准，由国务院社会保险行政部门会同国务院卫生行政部门、食品药品监督管理部门等规定。职工住院治疗工伤的伙食补助费，以及经医疗机构出具证明，报经办机构同意，工伤职工到统筹地区以外就医所需的交通、食宿费用从工伤保险基金支付，基金支付的具体标准由统筹地区人民政府规定。工伤职工治疗非工伤引发的疾病，不享受工伤医疗待遇，按照基本医疗保险办法处理。工伤职工到签订服务协议的医疗机构进行工伤康复的费用，符合规定的，从工伤保险基金支付。

职工在发生工伤后，经治疗伤情相对稳定后存在残疾、影响劳动能力的，应当依法进行劳动功能障碍程度、生活自理障碍程度的等级鉴定及劳动能力鉴定。其中劳动功能障碍分为十个伤残等级，最重的为一级，最轻的为十级。生活自理障碍分为三个等级：生活完全不能自理、生活大部分不能自理和生活部分不能自理。工伤职工应依照劳动能力鉴定部门出具的伤残鉴定，享受不同等级的工伤待遇。

根据《工伤保险条例》的有关规定，工伤保险费根据以支定收、收支平衡的原则征收。也就是说，按照工伤保险基金的实际支出数额来确定征收额度，做到收支平衡。国家根据行业的工伤风险程度确定行业的差别费率，并根据工伤保险费使用、工伤发生率等情况在每个行业内确定若干费率档次。对工伤事故发生率较高的行业，工伤保险费的征收费率高于一般标准，一是为保障这些行业的职工发生工伤时，工伤保险基金可以足额支付工伤职工的工伤保险待遇；二是通过高费率征收，使企业有风险意识，通过技术更新改造，加强管理，防患于未然，加强工伤预防工作，使伤亡事故率降低。对于工伤事故发生率较低的行业，工伤保险费的征收费率低于一般标准，是为鼓励这些企业继续积极采取工伤预防措施。

第七节　安全生产现场作业常识

一、作业过程中危害因素的识别与预防

研究认为，事故的发生是由于人的不安全行为和物的不安全状态同时存在，因此，必须识别出工作过程中人的不安全行为和物的不安全状态，并加以预防，以消除或减少事故的发生。

1. 人的不安全行为识别与预防

（1）操作错误，如未经许可开动、关停、移动机器；选择机械、装置、工具等有误；忘记关闭设备等。忽视安全和警告，如离开运行的机械、装置；机械运行超速；送料或加料过快等。不按规定的方法使用机械、装置，如开动、关停机器时未给信号；开关未锁紧，造成意外转动、通电或漏电；使用有缺陷的机器装置、工具等。

预防措施：必须严格执行安全规章制度和安全技术操作规程，每个员工都必须严格按操作规程作业，做遵章守纪的职工。

（2）未采取安全措施。未防范意外危险，如开关、阀门不上

锁，机械部分的固定不稳妥，未防范机械装置突然开动，没有信号就开车，没有信号就翻动或放开物体，未设置必要的标志、信号等。

预防措施：安全措施是保证安全生产的有效手段，有关部门和每个员工都要认真对待。操作前严格检查，做到没有有效的安全措施不操作。在操作过程中严守岗位，并严格按操作规程作业。

（3）对运行中的设备进行加油、修理、调整、焊接、清扫。在没有采取安全措施的情况下，对运行的机械、装置，带电的设备，受压容器，加热物，装有危险品的物体等进行加油、修理、调整、焊接、清扫等操作。

预防措施：严禁对运行中的设备进行加油、修理、调整、焊接、清扫等操作，做到停机处理各类故障和杂物。严格执行受压容器、加热物和危险物品的操作、管理制度，防止受压容器爆炸、加热体灼烫和危险物品外溢，以防伤及自身或他人。

（4）造成安全防护装置失效。拆除或移走安全装置，使安全装置不起作用，安全装置调整错误。

预防措施：不得贪图工作方便，移动安全防护装置或将安全防护装置拆除。操作前要认真地检查安全装置，确认有效时方可进行生产作业。

（5）造成危险状态。货物过载，对易燃易爆等危险品处理错误，使用不安全设备（如临时使用不牢固的设施），使用无安全装置的设备，物体存放不当等。

预防措施：在正常操作过程中，往往会因人们的不安全意识而造成某种危险状态，从而埋下事故隐患，导致他人或自身受到伤害。针对这种状况，除了要经常性开展对员工的安全教育外，有关部门还必须进行检查，员工之间也要互查，消除人们的不安全意识，杜绝危险状态的产生。

（6）使用保护用具、防护服装方面的缺陷。不使用保护用具，不穿安全防护用品，防护用品、用具的选择或使用方法有误，使用不安全装束（如操纵带有旋转零部件的设备时戴手套）等。

预防措施：为提高劳动防护用品的使用效果，除了合理发放和正确使用外，还应教育员工爱护公物、妥善保养，杜绝乱用乱丢现象，防止损坏遗失。特别是专用劳动防护用品、用具，一定要按照用品的养护要求由专人保管，正确使用，以免变质、老化、失效，造成事故。

(7) 不安全放置。在不安全状态下放置机械装置，车辆、物料运输设备的不安全放置，物料、工具、垃圾等的不安全放置。

预防措施：员工在操作过程中要严格按规定放置各类物件。做到物件堆放、工具放置标准化，创造一个文明、舒适和安全的工作环境。

(8) 冒险进入危险场所。接近或接触运转中的机械、装置，不必要地接触吊物，或在吊物下面逗留，接触易倒塌的物件，攀登或置身于不安全场所等。

预防措施：不允许人们接触危险物品（如运转中的机械）和在危险场所如高空吊物的下方、危险物品仓库（除专职仓库保管员外）等停留，要求员工在生产过程中正确地判断有无危险，切实做到机械停机检修、高空吊物下不通行等，以确保安全。

(9) 其他不安全行为。用手代替工具（如用手代替手动工具、用手清除切屑、不用夹具固定、用手拿工件进行机械加工等），有分散注意力的行为，没有确认安全与否就进行作业，从成堆物品的中间或底下抽取货物，用抛扔代替正确传递，不必要的奔跑、恶作剧等。

预防措施：要做到安全生产，就要求每一个员工在生产作业过程中始终遵守安全操作规程和各项安全规章制度，禁止违章作业，严格遵守操作纪律，只有这样，才能在作业过程中根除不安全行为。

2. 物的不安全状态识别与预防

物的不安全状态是指机器、设备、工具、附件、场地、环境等存在缺陷。

(1) 设备、设施、工具、附件本身存在缺陷。设计上存在缺陷，例如物件（设备）功能上有缺陷，没用的零件凸出，该有连接装置的反而没有；强度不够，如机械强度不够、起吊重物用的绳索吊具不符合安全要求等；材料废旧，疲劳过期；设备在非正常状态下运行，如带“病”运转、超负荷运转等；有故障（隐患）未修复；维修不当等。

预防措施：物件本身的缺陷是发生事故的诸多要素之一，因此，认识到物件的缺陷后，每位员工都必须针对缺陷的症结所在采取相应的措施。设计部门要按国家标准和规程进行设计；员工在使用设备时，要加强对设备的检查，严格按操作规程作业，发现问题及时向领导及有关管理人员反映，不操作有问题的设备器具；要按照设备保养制度的规定对设备器具进行保养和维护，以确保它们处于正常状态。

（2）防护设施、安全装置存在缺陷。包括两个方面：没有防护装置和防护装置不当。没有防护装置，如无防护罩，无安全保险装置，无报警装置，无安全标志，无护栏或护栏损坏，（电气）未接地，绝缘不良，无消声系统等。防护装置不当，如防护罩未在适当的位置，防护装置调整不当，坑道掘进、隧道开凿支护不当，防爆装置不当，采伐、集材作业安全距离不够，电气装置带电部分裸露等。

预防措施：防护设施和安全装置能确保人和物件（设备、危险物品）互不接触，从而成为避免人体损伤的安全保护网。因此，员工要正确地使用这些安全装置，不能贪方便、图省事而不采用。工作中要切实做到“四有四必”（即有轮必有罩，有台必有栏，有洞必有盖，有轴必有套）。进行电气作业时，应先检查绝缘和接地、接零情况，否则不能作业。

（3）工作场所存在缺陷。没有安全通道，工作场所间隔距离不符合安全要求，机械装置、用具配置存在缺陷，物件放置的位置不当，物件堆置方式不当等。

预防措施：安全通道是确保职工安全通行的道路，因此，必须严格按国家标准设置并保持畅通。物件堆放必须按各企业的安全操作规程执行，做到物件堆放标准化。

（4）劳动防护用品、用具存在缺陷。缺乏必要的劳动防护用品、用具，防护用品、用具有缺陷，缺乏防护用品、用具的具体使用规定。

预防措施：企业要根据本单位的生产工艺流程和作业环境，为员工配备合适的劳动防护用品，制定劳动防护用品使用规定，以避免因劳动防护用品使用不当而造成事故。

（5）作业环境存在缺陷。照明不当，通风换气差，作业环境的道路、交通存在缺陷，作业环境噪声过大，作业环境受风、雨、雷电等自然灾害的威胁等。

预防措施：在照明、通风、道路、机械噪声等方面，要按国家标准设计、施工。有些工作场所还必须注意自然因素的影响，员工要认识自然因素对人们和生产所产生的威胁，做好自身防范，从而保证自身安全和生产安全。

二、“三违”的识别与预防

“三违”是指违章指挥，违章操作，违反劳动纪律。员工遵章守纪是实现安全生产的基础，因此，员工在生产过程中，不仅要有熟练的技术，而且必须自觉遵守各项操作规程和劳动纪律，远离“三违”，确保实现安全生产。

1. 违章指挥的识别与预防

违章指挥是指违反国家的安全生产方针、政策、法律、条例、规程、标准、制度及生产经营单位的规章制度的指挥行为。

（1）常见的违章指挥行为包括如下内容：

不认真按照安全生产责任制有关本职工作的规定履行职责，不按“五同时”规定执行。对安全生产不负责任、玩忽职守、瞎指挥。

不按规定对员工进行安全教育培训，强令员工冒险违章作业。

不按要求及时批转、传达、贯彻上级有关安全生产方面的文件、规定、通知等，或借故拖延、积压、拒不执行。

新建、改建、扩建项目，不执行三同时的规定，不履行审批手续；不按有关规定要求设计施工，乱改乱建；不经竣工验收擅自决定投入使用。

对上级有关管理部门已发出停止使用通知的设备、设施，未消除隐患擅自安排使用。

对已发现的事故隐患，不及时采取有效措施，放任自流。

多工种、多层次同时作业，现场无人指挥和监护，不制定安全措施，不执行危险作业审批制度，安全措施不落实。

发生工伤事故时，不按照四不放过的原则认真接受教训和采取必要的防范措施，仍继续冒险作业。

设备安装不按照技术标准和规定程序进行施工、检查、验收、移交；对在检查验收中提出的问题尚未解决就擅自投入使用。

在有事故隐患、安全防护装置缺少或失灵的设备上，强行安排生产任务；对特种设备不按规定制造、购置、安装和使用，以及在使用中不采取有效的防护措施或安全防护装置缺损时仍安排生产。

滥用职权，擅自批准不具备有关法规规定的必要的安全生产条件的组织和个人从事工程项目勘察设计和施工，或者委托转包给不具有相应等级资格的单位或个人。

其他违反有关法律法规明文规定的指挥行为。

(2) 出现违章指挥的主要原因：不从客观实际出发，盲目追求生产任务的完成。没有制定安全防护措施，设备、人员、方法等条件不具备。安全意识淡薄，不懂安全技术操作规程。不尊重专家、员工的建议，强令或指挥他人冒险作业。

(3) 预防违章指挥的注意事项如下所述：摆正安全与生产的关系，当不具备安全生产条件时，员工可以拒绝接受生产任务。

加强自身安全素质的培养，提高安全意识，掌握安全技术操作规程，能够正确处理生产作业过程中遇到的各类问题。

对违章指挥行为及时提出批评并予以纠正。

2. 违章操作的识别与预防

在生产过程中违反国家法律法规和生产经营单位制定的各种规章制度，包括工艺技术、生产操作、劳动保护、安全管理等方面的规程、规则、章程、条例、办法和制度以及安全生产的通知、决定等均属违章操作。

（1）常见的违章操作行为包括：

不按规定正确佩戴和使用各类劳动防护用品。在生产作业过程中穿拖鞋、凉鞋、高跟鞋、裙子、喇叭裤，系围巾以及长发辫不放入帽内等。

工作不负责任。擅自离岗、串岗、饮酒、干私活及在工作时间内从事与本职工作无关的活动。

发现设备或安全防护装置缺损不向领导反映，继续操作，擅自将安全防护装置拆除并弃之不用。

忽视安全和警告，冒险进入危险区域、场所，攀、坐不安全位置（如平台护栏、汽车挡板、吊篮等）。

不按操作规程、工艺要求操作设备。擅自用手代替工具操作、用手清除切屑、用手拿工件进行机械加工等。

擅自动用未经检查、验收、移交或已查封的设备和车辆，以及未经领导批准任意动用非本人操作的设备和车辆。

不按操作规定，擅自在机器运转时加油、修理、检查、调整、焊接、清扫和排除故障。

不按规定及时清理作业现场，清除的废料、垃圾不向规定地点堆放。

（2）出现违章操作行为的原因：

安全技术素质不高，不知道正确的操作方法。

明知道是违章行为，但冒险作业。

明知道正确的操作方法，但怕麻烦、图省事而进行违章操作。

侥幸心理严重，知道违章作业可能会出事故，但认为不一定发生而进行违章操作。

（3）预防违章操作的方法：

①加大安全教育力度，不断提高职工的安全意识。必须加大安全生产教育力度，并营造一个“以人为本，珍惜生命，保证安全”的安全文化氛围。要通过安全知识学习、安全宣传园地、画展、看录像等活动，强化员工安全生产的忧患意识，帮助员工从反面典型

事例中充分吸取教训，提高对安全生产重要性的认识，抵制违章行为，自觉做好安全工作，增强遵章守纪的自觉性。

②以标准化作业规范员工的操作行为。标准化作业是加强单位“三基”（基层、基础、基本功）工作的重要手段，是落实岗位责任制、经济责任制和各项规章制度的具体表现。实施标准化作业的目的是单位实现安全生产，保证质量，提高效率，规范员工的操作行为，最终达到避免和杜绝由违章作业导致的各类事故。

③加强岗位技术培训，不断提高职工操作技能。为提高员工安全操作技能，必须把员工岗位技能培训当作一件大事来抓，有计划地、经常性地举办员工岗位技能培训班。在开展岗位技能培训的同时，要针对本岗位生产实际广泛地开展群众性岗位练兵活动，以提高员工的安全技术、操作水平和事故状态下的应变处理能力，杜绝各类违章操作事故的发生。

3. 违反劳动纪律的识别与预防

违反劳动纪律是指违反为维护集体利益并保证工作的正常进行而制定的规章制度的行为。

常见的违反劳动纪律的行为：迟到、早退、中途溜号；工作时间干私活、办私事；擅离岗位、东游西逛、聚集闲谈、嬉戏；上班时间睡觉、看电视、下象棋、打扑克；工作时间看与本职工作无关的书籍；工作中不服从分配，不听从指挥；无理取闹，纠缠各级领导，影响正常工作；聚众闹事、打架斗殴、酗酒肇事；私自动用他人的设备、工具；不遵守各项规章制度，违反工艺纪律和操作规程等。

预防违反劳动纪律的措施：加大对生产现场的监督检查及考核处罚力度。巡回监督检查是发现和制止违反劳动纪律行业的重要手段，在工作中只要一经发现违反劳动纪律的行为，就应不留情面地及时加以制止并责令纠正。对不听劝告的，可以采取强制措施，如进行停职学习、停薪培训等。要发现一个，制止一个，纠正一个。只有从严监督，从严管理，从严要求，加大考核处罚力度，才有可能有效地控制违反劳动纪律的行为。

三、安全色、安全线与安全标志

安全色：是特定的表达安全信息的颜色。它以形象而醒目的色彩语言向人们提供禁止、警告、指令、提示等安全信息。

安全线：工矿企业中用以划分安全区域与危险区域的分界线为安全线。

安全标志：由安全色、几何图形和形象的图形符号构成，用以表达特定的安全信息的标记。

1. 安全色

安全色包括 4 种颜色，即红色、黄色、蓝色、绿色。

（1）安全色的含义及用途。红色表示禁止、停止。禁止、停止和有危险的器件、设备或环境涂以红色的标记。如禁止标志、交通禁令标志、消防设备。

黄色表示注意、警告。需警告人们注意的器件、设备或环境涂以黄色标记。如警告标志、交通警告标志。

蓝色表示指令、必须遵守。如指令必须佩戴个人防护用具标志、交通指示标志等。

绿色表示通行、安全和提供信息。可以通行或安全情况涂以绿色标记。如表示通行、机器启动按钮、安全信号旗等。

（2）对比色。对比色有黑白两种颜色，黄色安全色的对比色为黑色。红、蓝、绿安全色的对比色均为白色。而黑、白两色互为对比色。

黑色用于安全标志的文字、图形符号，警告标志的几何图形和公共信息标志。

白色则作为安全标志中红、蓝、绿安全色的背景色，也可用于安全标志的文字和图形符号以及安全通道、交通的标线、铁路站台上的安全线等。

红色与白色相间的条纹比单独使用红色更加醒目，表示禁止通行、禁止跨越等，用于公路交通等方面的防护栏杆及隔离墩。

黄色与黑色相间的条纹比单独使用黄色更为醒目，表示要特别注意。用于起重吊钩、剪板机压紧装置、冲床滑块等。

蓝色与白色相间的条纹比单独使用蓝色更加醒目，用于指示方向，多为交通指导性导向标。

2. 安全线

安全线是指工矿企业中用以划分安全区域与危险区域的分界线。厂房内安全通道的标示线、铁路站台上的安全线都是常见的安全线。根据国家有关规定，安全线用白色标记，宽度不小于60毫米。在生产过程中，有了安全线的标示，人们就能区分安全区域和危险区域，有利于人们对危险区域的认识和判断。

3. 安全标志

安全标志由安全色、几何图形和图形符号构成，用以表达特定的安全信息。使用安全标志的目的是提醒人们注意不安全因素，防止事故发生，起到保障安全的作用。当然，安全标志本身并不能消除任何危险，也不能取代预防事故的相应设施。

（1）安全标志的类型。安全标志分为禁止标志、警告标志、指令标志和提示标志四大类型。

（2）安全标志的含义。禁止标志是指禁止人们不安全行为的图形标志。其基本形式为带斜杠的圆形框。圆环和斜杠为红色，图形符号为黑色，衬底为白色。

警告标志是指提醒人们对周围环境引起注意，以避免可能发生危险的图形标志。其基本形式是正三角形边框。三角形边框及图形为黑色，衬底为黄色。

指令标志是指强制人们必须做出某种动作或采用防范措施的图形标志。其基本形式是圆形边框。图形符号为白色，衬底为蓝色。

提示标志是指向人们提供某种信息的图形标志。其基本形式是正方形边框，图形符号为白色，衬底为绿色。

（3）使用安全标志的相关规定。安全标志在安全管理中的作用非常重要，作业场所或者有关设备、设施存在的较大危险因素，员工可能不清楚或者常常忽视，如果不采取一定的措施加以提醒，这看似不大的问题，也可能造成严重的后果。因此，在有较大危险因素的生产经营场所或者有关设施、设备上，设置明显的安全警示标志，以提醒、警告员工，使他们能时刻清醒地认识到所处环境的危险，提高注意力，加强自身安全保护，这对于避免事故发生将会起到积极的作用。

在设置安全标志方面，相关法律法规已有诸多规定。《安全生产法》第三十二条规定："生产经营单位应当在有较大危险因素的生产经营场所和有关设施、设备上，设置明显的安全警示标志。"安全警示标志必须符合国家标准。设置的安全标志，未经有关部门批准，不准移动和拆除。

四、现场定置安全管理

定置管理强调生产现场中人、物的有机结合，各种原料、材料、工具、器具实行分类管理、定置摆放，做到人定岗、物定位，以利于提高工作效率、提高产品质量。一般来说，现场中人与物的相互关系存在 3 种状态：

第一，人与物处于立即结合状态，即需要时随手可以拿到的状态。

第二，人与物处于欲结合状态，即找一找能拿到的状态。

第三，人与物处于无关状态，即现场的某些物品在生产中与人是无关系的或是多余的。

车间或班组定置管理最重要的一条是找出处于人与物无关状态的物品，并将其从生产现场清除出去，同时对人与物处于欲结合的状态进行改善，使其达到人与物处于立即结合的状态，并保持下去，形成标准化的作业程序。

1. 定置管理的实施步骤

第一步是整理现场。即对现场放置的全部物品进行清点整理，把不需要的物品予以清除或送到指定地点，对需要的物品全部进行擦洗，按人与物的结合状态划分区域和物品定置位置。整理后的现场应清洁、整齐、合理、有序。

第二步是物品定置，人员定岗，控制点定标志，危险物品定储量，A、B、C、D 定状态。下面就这"五定"作具体说明。

（1）物品定置。即根据定置管理的要求，按照“要用的东西随手可得，不用的东西随手可丢”的原则，把不同类型和不同用途的物品放在指定的位置或区域，使操作人员能够做到忙而不乱、紧张有序。

（2）人员定岗。即人与操作岗位的有机结合。岗位既定，操作人员就不得随意串岗或脱岗。对于某些危险品生产区，要有严格的定员定量规定，保证危险工序必需的操作人员，发生燃烧爆炸事故时尽可能把伤亡和损失减到最小，降到最低。

（3）控制点定标志。即对一、二、三级危险点设置明显的标志牌，上面写有简明的安全要求、危险等级和安全负责人，以便随时提醒操作人员安全作业，并形成条件反射，避免操作失误，这也有利于安全管理部门对重点危险部位进行监督和控制。

（4）危险物品定储量。即对易燃易爆或有毒物品规定其存放数量，并标记在醒目的标志牌上，经常警告人们注意安全，也便于安全管理部门监督检查。

（5）A、B、C、D定状态。即按照定置管理要求和人与物联系的紧密程度，把作业现场经过定置后的物品划分成A、B、C、D四种状态，以便于区分和寻找。A、B、C、D四个字母是状态信息的标志，可使操作人员、检验人员、管理人员在工作中能够做到保持优良的A状态（在加工）、迅速找到B状态（待加工）、及时处理C状态（已加工）、不断清理D状态（报废或返修），从而进一步提高工作效率，保持作业场所整洁。

2. 实施定置管理的效果

使生产现场的人、机、料、环始终处于一个科学、合理的紧密结合状态，为实现安全文明生产奠定了良好的基础。使企业的安全、质量、工艺、设备、物资等多项管理融合在一起，同时进行、互相促进，形成了全方位的安全管理。

彻底改变了某些企业原来脏、乱、差的面貌。整洁有序的物品摆放和规范化的现场管理给操作者创造了良好的心理环境，操作者普遍感到“看起来顺眼，说起来顺口，干起来顺心，拿起来顺手”，大大减少了人机事故。

使职工养成了良好的清洁文明习惯，不仅在生产现场做到了定置，办公室的用品和家庭的个人用品也能定置定位，提高了人员素质。

增强了职工维护和保持作业场所文明生产的责任感，提高了职工为集体增光的荣誉感。

第二章　专业安全知识

第一节　机械制造行业的安全生产特点

机械制造指从事各种动力机械、起重运输机械、农业机械、冶金矿山机械、化工机械、纺织机械、机床、工具、仪器、仪表及其他机械设备等生产的工业部门。机械制造业为整个国民经济提供技术装备，其发展水平是国家工业化程度的主要标志之一。

一、机械制造的主要工种

设计的机械产品必须经过制造，方可成为现实。从原材料（或半成品）成为机械产品的全过程称为生产过程，制造过程是生产过程的最主要部分。

机械加工是一种用加工机械对工件的外形尺寸或性能进行改变的过程。

工种是对劳动对象的分类称谓，也称工作种类，如电工、钳工等。机械加工工种一般分为冷加工、热加工和其他工种三大类。

1. 冷加工类

（1）金属切削加工：利用切削刀具与工件作相对运动，从金属毛坯上切除多余材料，从而获得表面粗糙度及精度合格的机器零件的过程。因为是在冷态下进行的，因此称之为冷加工。

（2）冲压：利用模具在压力机上将金属板材制成各种板片状零件和壳体、容器类工件，或将管件制成各种管状工件。这类在冷态进行的成形工艺方法称为冷冲压，简称冲压。

2. 热加工类

（1）铸造工：铸造是人类掌握比较早的一种金属热加工工艺，已有约6 000年的历史。铸造是熔炼金属，制造铸型，并将熔融金属浇入铸型，凝固后获得一定形状、尺寸与性能铸件的成形方法。

铸造工指操作铸造设备，进行铸造加工的工种。

（2）锻造工：锻造是一种利用锻压机械对金属坯料施加压力，使其产生塑性变形以获得具有一定力学性能、一定形状和尺寸锻件的加工方法，是锻压（锻造与冲压）的两大组成部分之一。锻造工是指操作锻造机械设备及辅助工具，进行金属工件毛坯的备料、加热、镦粗、冲孔、成形等锻造加工的工种。

3．其他工种

电（气）焊工：电（气）焊工是指操作焊接和气割设备，对金属工件进行焊接或切割成形的工种。

二、机械制造生产的特点

机械制造业生产的主要特点是离散为主、流程为辅、装配为重点。

根据工业生产的特点，机械制造业生产基本上分为两大方式：离散型与流程型。离散型是指以一个个单独的零部件组成最终产成品的方式。因为其产成品的最终形成是以零部件的拼装为主要工序，所以装配自然就成了重点。而流程型是指最终产成品的形成并不同于离散型把不同零部件装配起来，而是通过对于一些原材料的加工，使其形状或化学属性发生变化，最终形成新形状或新材料的生产方式。我们所熟悉的机械设备的制造就是典型的离散型工业，而冶炼就是典型的流程型工业。汽车制造业传统上也认为是属于离散型工业，虽然其中诸如压铸、表面处理等是属于流程型的范畴，但绝大部分的工序还是以离散为特点的。所以，机械制造业并不是绝对的离散型工业，其中还是有部分流程型的特点。具体特点有以下几个：

1．产品结构清晰明确

机械制造企业的产品结构可以用树的概念进行描述，最终产品一定是由固定个数的零件或部件组成，这些关系非常明确和固定。

2．工艺流程简单明了，工艺路线灵活，制造资源协调困难

面向订单的机械制造业的特点是多品种和小批量，因此，机械制造业生产设备一般不是按产品而是按照工艺进行布置的，例如，按车、磨、刨、铣来安排机床的位置。每个产品的工艺过程都可能不一样，而且，可以进行同一种加工工艺的机床有多台，因此需要对所加工的物料进行调度，并且中间品需要进行搬运。面向库存的大批量生产的离散制造业，例如汽车工业等，按工艺过程布置生产设备。

3. 物料储存简易方便

机械制造业企业的原材料主要是固体，产品也为固体形状。因此，储存多为室内仓库或室外露天仓库。

4. 自动化水平相对较低

机械制造业企业由于主要是离散加工，产品的质量和生产率很大程度依赖于工人的技术水平，自动化主要在单元级，例如数控机床、柔性制造系统等，因此，机械制造业也是一个人员密集型行业，自动化水平相对较低。

三、机械制造的危险岗位

根据相关资料进行的抽样统计，对500家单位近年来发生的2 800余起典型事故进行分析，可得到如图2—1所示的安全事故岗位分布图。从发生安全事故的工作岗位来看，生产作业线和交通车辆是最主要的安全风险岗位，分别发生事故654起和512起，分别

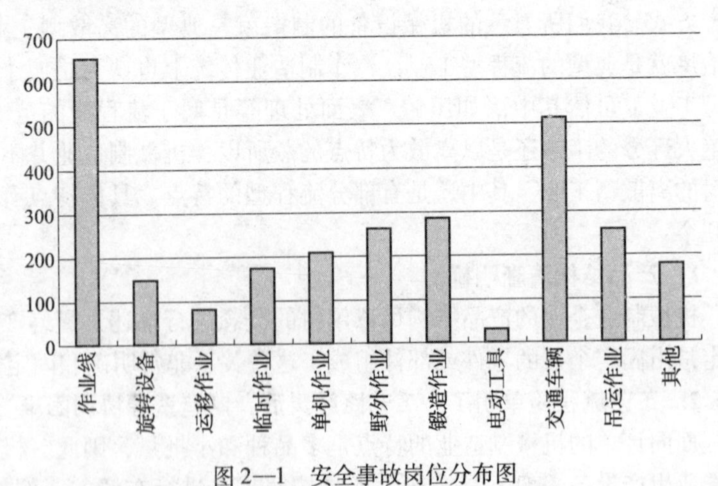

图2—1 安全事故岗位分布图

占安全事故总数的23%和18%，属于最高风险岗位；野外作业、锻造作业、吊运作业分别发生事故265、283、257起，属于较高风险岗位；单机作业、临时作业、旋转设备属于一般风险岗位，其中单机作业虽然发生211起安全事故，数量不小，但是因为单机作业是企业最多的工作岗位，岗位数量大，所以将其归于一般风险岗位。在安全规程设计和日常安全监督管理时，要按岗位风险程度的高低采取相应的防范措施。

第二节　铸　　造

一、铸造工艺及特点

铸造是把高温熔化的液态金属浇注、压射或吸入铸型型腔中，待其凝固后得到具有一定形状和性能要求的金属铸件的一种制造方法。铸造生产属于热加工，其生产过程包括混砂、造型、熔化、浇注和清理等几个环节。铸造生产过程中涉及的机械有混砂机、造型机、冲天炉、电弧炉等。

现有的铸造方法可分为砂型铸造和特种铸造，其中砂型铸造生产的铸件占铸件总产量的90%以上。砂型铸造的生产过程包括造型材料准备、造型、造芯、熔化、浇注、落砂和清理等。

从安全和劳动保护的角度分析，铸造生产有以下特点：工序多，起重运输工作量大，生产过程中会散发出各种有害粉尘、气体、烟雾，有一些环节还产生噪声和高温等，由此可见，铸造生产的作业环境和劳动条件是十分恶劣的。

二、作业环境要求

合理布置工作场所、创造良好的工作环境是安全、优质、高效生产的必要条件。杂乱的环境将会增加事故发生的概率。良好的铸造车间作业环境应是工作场地布置合理、空气清新、照明充足、通道畅通等。

1. 工作场地布置

工作场地的布置应使人流和物流合理，留有足够的通道，并保证畅通，通道要平整、不打滑、无积水、无障碍物。

2. 材料存放

铸造车间往往存放着相当多的材料，因此要配备装材料的专用料斗和废料斗，以保持工作场所整洁有序。各种材料的存放应符合安全要求，防止倒塌。

3. 通风

室内工作区域应有良好的自然通风。在生产过程中产生的对身体有害的烟气、蒸气、其他气体或灰尘，如果依靠空气的自然循环不能带走，则必须装设通风机、风扇或其他有足够通风能力的设备，并应注意对设备进行维护和保养。

4. 照明

铸造车间的照明应符合《建筑照明设计标准》（GB 50034—2013）的要求。但由于作业性质和所使用的吊灯往往都高于桥式吊车，因此，铸造车间很难达到良好的照明，只能采用安全电压的局部照明。

三、工艺操作安全要求

1. 混砂机的操作安全要求

目前使用的混砂机主要是辗轮式混砂机，操作辗轮式混砂机可能发生的危险是操作者在混砂机运转时试图伸手取出砂样或铲出砂子，结果往往造成手被打伤或被拖进混砂机。为避免上述危险发生，混砂机一般要安装下列防护装置：

（1）在混砂机的加料口装设筛网加以封闭。

（2）装设卸料口，并装设联锁装置，使其敞口时混砂机不能开动。

（3）取砂样要用专设的取样器。

（4）当检修混砂机时，为防止电动机突然开动造成事故，在混砂机罩壳检修门上装联锁开关，当门打开时，混砂机主电源便被切断。有时也可将混砂机开关闸箱锁上，检修混砂机时，由维修者携带钥匙。

2. 砂箱的操作安全要求

（1）砂箱尺寸选择要保证铸型有足够的吃砂量，防止浇注时金属液体喷射。

（2）箱壁、箱带应有足够的厚度，以保证砂箱强度和刚度。箱带间距应合理，保证既能在运输、翻转和合箱时不脱落铸型，又能方便造型和落砂。

（3）箱轴和把手可以与箱壁本体同时铸出，也可用圆钢铸入。箱轴、把手应平直，其端部应制出凸缘，使运输、翻转时不致滑脱。

（4）平时应加强检查，发现箱壁、箱带开裂，箱带间距过大，箱轴、把手弯曲不平等，使用前均应修正。未经修复或无法修复的砂箱，切不可使用，否则会酿成大祸。

3. 吊运和翻转大砂箱、大铸型应注意的安全事项

（1）吊运和翻转大砂箱、大铸型时，为保证砂箱、铸型不会脱落而造成事故，在采用横梁—吊环（或钢丝绳、链条）附件时，要使两边的吊环或钢丝绳保持平行。

（2）为保证安全和省力，在翻转大砂箱、大铸型时，应使用手动杠杆、滑轮、动力箱和起重机。

（3）翻转大砂箱、大铸型时，操作人员严禁站在吊起的砂箱、铸型的上面、下面或正面，也不允许在吊起的铸型或型芯下面修型。

（4）合箱时严禁将手或头伸、探到砂箱中修理、观察，以免砂箱落下伤人。

（5）砂箱耳轴的端法兰直径应不小于耳轴直径的两倍，以减少吊钩滑出或跳离的危险。

（6）耳轴用螺钉安装在砂箱上时，螺母必须在砂箱内侧，否则，吊索很可能挂在它上面，猛一拉就会滑掉，使吊索和耳轴遭受严重损伤。

（7）单独的耳轴铸件必须是钢件，耳轴的安全系数应不小于10，固定耳轴的螺钉也要有足够的强度。

4. 手工造型、造芯与合箱作业中应注意的安全事项

（1）手工造型、造芯时要穿好安全防护鞋，注意砂箱、芯盒的搬运方式，防止砂箱、芯盒落地砸脚和手被砂箱挤伤；要用筛分法或磁选分离法分离出砂中的钉子、金属碎片，以防划伤手脚等。

（2）车间运送型砂的小手推车应设安全把手，保护手部不被撞击、擦伤。

（3）造型用砂箱堆垛要防止倒塌砸伤人，宜用交叉堆垛方式，堆垛总高度一般不要超过 2 米。

（4）手工造型捣紧时，要防止捣砂锤头接近模型，以免型砂被捣得过紧从而在铸型表面形成局部硬点，在浇入金属液后此处易炝火，造成烫伤。

（5）手工制造大铸件铸型时，由于模型大而重，宜采用起重机或其他提升机构起模，并要防止起模时发生起模钩与模型分离伤人的事故。

（6）造型、造芯、合箱时，一定要注意使铸型排气通畅，切不可将未烘干的型、芯装配到铸型中，否则易发生炝火伤人。

（7）在合箱时，要注意将大的型、芯放稳，以防倒塌伤人。

（8）地坑造型时，一定要考虑地下水位。要求地下水最高水平面与砂型底部最低处的距离不小于 1.5 米，以防浇注时发生爆炸。

（9）用流态砂、自硬砂造型时，应加强通风，并要加强个人防护，避免型砂中的有害物质危害身体。

5. 使用机器造型、造芯时应注意的安全事项

（1）使用机器造型、造芯时，一定要熟悉机器的性能及安全操作规程。

（2）抛砂造型时，操作者之间要合理分工，密切配合。

（3）抛砂机悬臂的作业范围内，不能堆放砂箱等物品，如有，应将它们搬离工作区，以免被抛砂机悬臂刮倒，造成人员和设备损害。

（4）中断工作时，悬臂应紧固，使其不能游动。

（5）打开抛砂头、检修输送带前，必须切断电源。

（6）抛砂机应可靠接地。

6．烘干过程中应注意的安全事项

在烘干过程中，为了避免事故发生，应做好以下工作：

（1）在装、卸炉时，要有专人负责指挥，在装卸砂型、砂芯时应均衡装卸，以免引起翻车。

（2）在装炉时，应确保装车平稳，砂箱装叠应下大上小，依次排列。上、下砂箱之间四角应用铁片塞好，防止倾斜和晃动。

（3）起吊砂型、砂芯时应注意起吊质量，不得超过行车负荷，每次起吊的砂型要求规格大小统一，不能大小混吊。

（4）炉门附近禁止堆放易燃物、易爆品。

（5）炉门附近及轨道周围严禁堆放障碍物，以保证行车工进出畅通。

（6）在加煤或扒渣时应戴好防热面罩，以防火焰及热气灼伤脸部。

（7）烘炉操作采用人工加煤时，应少加勤加，使燃料薄且散开，以充分燃烧。避免因燃烧不充分而浓烟外溢，造成环境污染。

7．冲天炉熔炼作业中应注意的安全事项

冲天炉是应用最广泛的熔炼铸铁的熔炉，其主要操作过程为修炉、生火、装料、送风、出铁、出渣、打炉等。冲天炉熔炼作业中要注意以下安全问题：

（1）在冲天炉加料台上要防止煤气中毒和防止意外掉进冲天炉。

（2）冲天炉在熔化过程中产生的一氧化碳（CO）占炉气的5%～21%，如进入风箱和风管就有爆炸的危险，因此，在关掉风机后要立即打开所有风口。

（3）手工堵塞出铁口时，要两人轮流连续堵塞，以确保堵住。

（4）冲天炉应按规定的时间出渣，不可使渣漫至风口，以免发生事故。

（5）打炉前应检查炉底下面及附近地面是否有水，如有水应立即用干砂铺垫后方可打炉；打炉前停风后要打开风口，并放尽钢液及炉渣；打炉前还必须与有关方面联络好，并发出信号，当所有的人都离开危险区后再进行打炉；打炉后必须迅速将红热的铁、焦用水喷灭。如果炉底门打不开或炉内有剩余炉料、棚料，这时不允许工人进入危险区强制打开炉底门或解除棚料。剩余棚料可用鼓风产生的振动来解除，也可将机械振动器贴在炉底上以产生振动的方式来解除，另外，还可从加料口投入重铁球将剩余棚料砸碎解除。如果使用这些方法都无法清除剩余棚料，则必须用切割枪对炉底进行火焰切割，但这只能在冲天炉冷却到安全温度后进行。

（6）打炉后不准用喷水法对炉衬施行强制冷却。

（7）对停炉更换炉衬的冲天炉，要检查炉壳和焊缝（或铆钉）是否有裂纹而需要补强。

8. 电弧炉炼钢时应注意的安全事项

（1）加料时的安全事项。加料时人应尽量站在侧面，不能站在炉门及出钢槽的正前方，以防加料时被溅出的钢渣烫伤，炉料全熔后，不得再加入湿料，以防爆炸；炉料中也不得混有爆炸物，以免造成爆炸事故；要防止碰断电极；还原期加碳粉、硅粉、硅钙粉或铝粉时，人不要太靠近炉体，以免被从炉门口向外喷出的火焰伤到；加矿石时要慢，以防造成突然的剧烈沸腾，从而向炉门外喷渣、喷钢；加料时不得开动操作台平车。

冶炼中途用天车从炉盖加料孔加渣料时应注意：加渣料时若有可能碰到电极，则应停止配电，切断电源；加入渣料后炉门口易有大量火焰喷出，炉前人员须注意避开。

（2）供电安全事项。在供电时人体要避免直接接触供电线路；要严格遵守操作安全规程；在炉前取样、搅拌时，由于电炉的炉壳接地，只要工具不离开架在炉门框上的铁棒，人体就不会受到电击；此外，炉前操作人员要和配电工密切配合，切实执行停送电制度，避免误操作。

接电极时应注意：切断电源，把炉体摇平；接头铁螺钉必须拧牢，确保电极不会掉落时才能起吊；操作人员拧接电极时要相互联系，协同动作；防止手套或工作服被设备挂住。

（3）吹氧熔炼安全事项。采用吹氧助熔和吹氧氧化时，应经常检查供氧系统是否漏气；吹氧管要长些，以防回火发生烧伤事故；吹氧时，先将氧气阀门开小些，确定吹氧管畅通后再开大，吹氧压力不能太大，否则飞溅严重；吹氧管不可贴近金属液，以免喷溅严重，更不能用吹氧管捅料，否则易将吹氧管堵死，造成回火，发生事故；停止吹氧时应先关闭氧气，然后再把吹氧管从炉内取出；如发生吹氧管回火，应立即关闭阀门，停止供氧；如漏气严重，则可将橡皮管对折，以彻底切断供氧。

（4）出钢时的安全操作。在开启出钢口时，应摇平电炉或倾斜至合适位置；操作人员后面不要站人，以防误伤；炉前应尽量避免加碳粉等脱氧剂，以防火焰突然从出钢口喷出烫伤人；新炉子因沥青焦油尚未完全焦化，因此打开出钢口时要防止喷火伤人。

在摇动炉体前应先检查炉体左右两处的保险是否关好，还要检查机械传动部分是否有人在检修或维护，摇动炉体时，要检查出钢槽的平板是否与出钢槽相碰，炉前平板车是否和炉体相碰，摇动炉体时要缓慢，以免钢液流出，并防止烫伤。

（5）防止水冷系统漏水。必须使用质量好、并经水压检验合格的电极水冷圈；电极下降时，应注意不要使电极夹头与水冷圈相碰；水压不能太低，水流不能过小。

（6）电炉的前后炉坑和两旁机械坑都必须确保干燥，否则在跑钢或漏钢时会引起爆炸；炉坑和机械坑有电源的地方要定期检查，防止漏电。

（7）防止电炉漏钢。要补好炉，造渣时防止炉渣过稀，供电时防止后期用大电压，防止脱碳时钢液剧烈沸腾等。发生漏钢后，首先要冷静迅速地判断情况，然后根据漏钢的部位做出相应处理。

9．浇注作业过程应注意的安全事项

浇注是将由冲天炉熔化出的钢液浇注到砂型中，冷却后形成铸件。浇注钢液时极易发生烫伤或烧伤事故，因此要注意浇注过程中的安全问题。

（1）浇注工应穿戴好工作服，戴防护镜。

（2）在浇注前应认真检查浇注包、吊环和横梁有无裂纹，并检查机械传动装置和定位锁紧装置是否灵活、平衡、可靠，包衬是否牢固、干燥；检查漏底包塞杆操纵是否灵活，塞头和塞套密封是否完好，还要检查吊装设备及运送设备是否完好。

（3）浇注通道应畅通，无坑洼不平，无障碍物，以防绊倒。手工抬包架大小要合适，使浇注包装满金属液后其重心在套环下部，以防浇注包倾覆出抬包架。

（4）准备好处理浇余金属液的场地与锭模（砂床或铁模）。

（5）浇注时，所有和金属熔液接触的工具，如扒渣棒、火钳等均需预热，因金属熔液与冷工具接触会发生飞溅。

（6）起吊装满铁（钢）液的浇包时，注意不要碰坏出铁（钢）槽和引起铁（钢）液倾倒与飞溅的事故。

（7）铸型的上、下箱要锁紧或加上足够重量的压铁，以防浇注时抬箱、跑火。

（8）在浇注过程中，当铸型中的金属液达到一定高度时，要及时引气（点火），排出铸型中可燃与不可燃气体。

（9）浇注时若发生严重炝火，应立即停浇，以免金属喷溅造成烫伤与火灾。

（10）浇注会产生有害气体的铸型（如水玻璃流态砂、石灰石砂、树脂砂铸型）时，应特别注意通风，防止中毒。

10. 冶炼过程中发生穿炉现象的处理

穿炉是电炉生产中的重大事故，一般发生在出钢口和炉门两侧或下部及电炉的二号电极渣线处，严重时会将炉底穿透。遇到穿炉，首先要冷静地判断穿炉部位，然后采取相应的措施。

若穿炉发生在炉门两侧或下部，应迅速把炉体向后倾斜（注意不要让钢液流出），然后立即用沥青、镁砂或白云石补穿炉部位，补好后用耙子将炉渣推到所补之处，待烧结良好后，再继续冶炼。如漏洞较大，则可在炉体外漏钢处用钢板焊补。

若穿炉发生在出钢口两侧或下部，应迅速将炉体向前倾斜（注意不要让钢液流出），补炉方法与上述相同。若穿炉发生在二号电极渣线处，因为该部位一般是电炉主要电气机械设备处，因此会造成重大设备事故，影响生产。此时须看清穿炉部位及洞口大小，在保证钢液不流出的情况下尽可能将炉体倾斜，甚至可以倒掉一些钢液，从而迅速将漏钢部位暴露出来，以确保设备安全，补炉方法同前所述。

炉龄后期，炉底蚀损严重，也极易引起漏钢事故。炉底漏钢前一般有一定的前兆，如发现炉内钢液沸腾，炉衬大块大块地浮出来，或炉渣变得很稠，则说明炉底的镁砂已经翻上来了，可能要漏钢，必须采取措施，抓紧冶炼，及早出钢。若发生炉底漏钢，则应迅速切断电源，打开出钢口，将钢液倒进盛钢桶内。

11. 铸件落砂及清理工作中应注意的安全事项

落砂是从铸型中取出铸件的操作。手工操作是将铸型吊起，然后用锤敲打砂箱壁以振落铸件，这种方法劳动强度大、粉尘浓度大。现在多采用落砂机进行落砂。清理工作实际包括清砂和修整。铸件清砂是清除落砂后铸件上残留的砂子以及芯砂和取出芯铁；铸件修整是去除铸件上的披缝、毛刺、浇冒口痕迹等。去除浇冒口有时在落砂时进行，有时在铸件修整前进行。在铸件修整的过程中，应经常使用砂轮进行打磨。铸件落砂、清理工作中粉尘大、噪声大，落砂、清理工作劳动强度大，工作环境又热又脏，必须加强整个工作场地的通风除尘，做好设备防护和保养维修，操作人员应戴好劳动防护用品，做到安全生产。落砂及清理操作过程中要注意的安全问题有：

（1）落砂清理工一定要做好个人防护，熟悉各种落砂清理设备的安全操作规程。

（2）从铸件堆上取铸件时，应自上而下取，以免铸件倒塌伤人。清理后应将铸件堆放整齐。重大铸件的翻动要用起重机，往起重机上吊挂铸件或用手翻倒铸件时，要防止吊索或铸件挤压手。要了解被吊运铸件的质量，不使吊具（钢丝绳、链条等）超负荷工作。吊索要挂在铸件的适当部位，特别不应挂在浇冒口上，因为浇冒口易折断。

（3）使用风铲应注意将风铲的压缩空气软管与风管和风铲连接

牢固、可靠；将风铲放在将要清理的铸件旁边后再打开风管上的阀门；停用时，关闭风管上的阀门，以停止对风铲供气，并应将风铲垂直地插入地里；用风铲时不要对着人铲削，以免飞屑伤人。

（4）清理打磨镁合金铸件时，必须防止镁尘沉积在工作台、地板、窗台、架空梁和管道以及其他设备上，不应用吸尘器收集镁尘，应将镁尘扫除并放入有明显标记的有盖的铸铁容器中，然后及时与细干砂等混合埋掉；在打磨镁合金铸件的设备上不允许打磨其他金属铸件，否则由于摩擦而产生的火花易引起镁尘燃烧；清理打磨镁合金铸件的设备必须接地，否则会因摩擦而起火。在工作场地附近应禁止吸烟并放置石墨粉、石灰石粉或白云石粉灭火剂。操作者应穿皮革或表面光滑的工作服，并且要经常刷去粉尘；一定要戴防护眼镜和长的皮革防护手套。

四、铸造安全作业标准

铸造安全作业标准见表2—1。

表2—1　　铸造安全作业标准

操作程序	作业标准
1. 造型	（1）运转前 1）确认门盖等保护装置安装到位，造型线的内部和危险区域无人 2）确认在开动的机械以及砂箱、模板上无多余的物品和残留材料 3）确认无脱线的砂箱、模板，机械处于始运位置，安全开关可靠 4）确认设备上无检修调整用的防止提升器自重下降的填块或连杆 （2）运转中 1）绝对不能触及开动部分，绝对不能进入造型线内作检查和调整 2）绝对不能触及临时停止及特别指定开关类以外的操作开关 3）禁止在运转时跨越造型线；下芯注意行车，防止砸伤 4）发生故障时，按“临时停止”或“全停止”按钮，及时汇报 5）在必须进入线内或接触机械时，应按“检修、调整安全作业”按钮 （3）运转后 1）停止造型线运转后应切断控制柜的电源 2）在确认安全后，关闭压缩空气供给阀 3）拔出操作电路钥匙开关上的钥匙，并由负责人保管

续表

操作程序	作业标准
2. 上涂料	（1）涂料、乙醇属于化学危险品，要严格按规定管理 （2）桶盖立即盖好，抽管及时抽出，严禁周围有烟火 （3）灭火器配备齐全，做好定期点检，保证使用有效 （4）涂料干燥点火要用点火棒，严禁直接用打火机点火 （5）涂料点火时，在周围一米范围内不得有任何易燃物 （6）点火区与涂料堆放的通道保持畅通，间距2米以上 （7）上二次涂料应间隔一段时间，并确认火已完全熄灭 （8）两人同时上涂料，其中一人点火，两人间距在2米以上 （9）涂料台下或周围要常备灭火器具，以备出现紧急情况时灭火
3. 浇注	（1）应穿戴好工作服、皮鞋、安全帽、防护面具、手套等劳保用品 （2）浇注区禁放易燃品，及时清除积水和浇注通道上的不安全因素 （3）挡渣棒、扒渣棒、取样勺在使用前均应加以预热、并严禁沾水 （4）行车吊索要安全可靠；箱卡要紧固，冒口圈、浇口杯应放妥当 （5）浇包要彻底烘干，第一包铁液出现沸腾，应立即停止出铁 （6）球化反应未完毕，严禁翻包及让他人靠近，防止铁液飞溅伤人 （7）浇注包不得过满，吊运时应卡好安全卡子；平车转运时要放稳 （8）吊运浇包不得从现场人员头上经过；浇注时严禁无关人员靠近 （9）浇注时包嘴尽量接近浇口杯，浇口杯保持充满并避免铁液飞溅 （10）浇注时不得用眼睛正视冒口，挡渣人员不得位于包嘴正面操作 （11）浇注时如发生铁液沸腾并从冒口连续喷出铁液时，应立即停止 （12）浇注完毕应全面、仔细检查和清理周围场地，并彻底熄灭火源
4. 铸件打磨	（1）一定要穿戴好皮鞋、眼镜、口罩等所规定的劳保用品 （2）砂轮片不得有裂纹、要上紧；被打磨的铸件要放稳固 （3）用砂轮机打磨时应注意用力和方向，避免被砂轮切伤 （4）暂停打磨时砂轮机在完全停转后才能放下，要放稳妥 （5）所用的电线不得裸露，更换砂轮片时要事先切断电源 （6）铸件摆放要叠齐和放稳，防止由于铸件滑落等的砸伤 （7）废砂轮片、工具等要放在指定的地点，不得任意乱放 （8）打磨室及通道应及时清扫，不得有纸屑和纸箱等杂物

续表

操作程序	作业标准
5. 上底漆、浸防锈油	（1）油漆、防锈油属化学危险品，要严格按规定管理 （2）严禁烟火，禁止吸烟，作业完毕箱盖一定要盖好 （3）灭火器配备齐全，做好定期点检，保证使用有效 （4）穿戴好防毒口罩、防护眼镜、手套等劳保用品 （5）如果通道狭窄，注意叉车运行不慎而造成的撞伤 （6）索具要例行日常检查，铸件吊运平稳，不得斜吊 （7）铸件堆放不得过高，叠放要稳固，防止砸、压伤 （8）发生中毒应立即送至通风处，迅速通知医生急救

第三节 锻　造

一、锻造工艺及特点

锻造是在高温条件下，通过锻造设备对高温金属施加冲击力或静压力，使金属坯料在工具或模具中产生塑性变形，从而获得具有一定形状、尺寸和组织结构的锻件的加工方法。

锻造作业使用的主要设备有锻锤、压力机（水压机或曲柄压力机）、加热炉等。从事锻造工作的生产工人经常处在振动、噪声、高温灼热烟尘以及料头、毛边堆放等不利的工作环境中，因此，应特别注意工作环境的安全卫生，否则，在生产过程中将容易发生各种安全事故，尤其是人身伤害事故。

为保证锻造生产和劳动者的安全与健康，除要求工作人员精力集中外，还必须制定必要而严格的安全生产规章制度和操作规程，同时，要采取切实有效的措施改善劳动条件。

二、作业环境要求

锻造生产现场的卫生条件十分重要，且要注意通风、透光。

通常，通风方式有自然通风和机械通风两种。自然通风主要是利用车间内外空气密度的不同和风力两个因素来进行的，室外的冷空气较室内空气密度大，从厂房下部、窗、门等处流入，热空气密度小，被冷空气从天窗挤出；另外，风从厂房外边流过时，在承风面造成正压，而在背风面造成负压，起到调节室内空气的作用。除了要经常进行自然通风外，锻造车间还要进行机械通风，主要是采用工业排风扇，使锻造车间的温度低于 30 摄氏度。而生产现场在冬季则要注意保温，冬季工作区的温度要保持在 12 ~ 15 摄氏度，非生产时间应不低于 5 摄氏度。

高温季节，要采取相应的防暑降温措施。

在照明上也要采取自然透光和人工照明相结合的方式，如开天窗和门窗。人工照明主要是依靠一般用灯和局部照明用灯。布置光源要符合工业有关照明规定，使生产现场无暗淡光区域，对于移动式电灯要采用工业安全电压（即低于 36 伏），不准使用没有装反射器或罩子的电灯。

车间内的设备间距应根据设备类型、动力大小、锻件尺寸、工序间的运输方式等因素确定。锻造设备的布置应考虑尽量减少坯料或锻件的往返交叉运输，采用顺跨双排布置时，应尽量考虑使锻件或料头飞出的主要方向对着车间侧墙，若确有困难，应设置挡板，以避免伤人。

车间内应留有设备附件、锻模、锻件、原材料等的存放地，对易滚落的圆坯料或锻件，尽可能放在 V 形箱槽中，堆放高度一般不应超过 1 米。

三、工艺操作安全要求

1. 锻工应遵守的一般安全守则

（1）锻工开始工作前，要穿好工作服、隔热胶底鞋或皮底鞋，工作服应当能很好地遮蔽身体，光滑、平整，没有开襟、口袋或皱褶，上衣下摆应长至裤腰处，不可把上衣下摆塞到裤子里、把裤管塞到鞋靴里。

（2）在工作岗位上，要做好交接班工作，明确生产任务，清理生产现场，检查所用工具、模具等是否牢固、良好、完备齐全、摆放整齐、便于使用。

（3）在工作前和工作过程中，要随时注意检查设备、工具、模具等，尤其是检查受冲击部位是否有损伤、松动、裂纹等事故隐患，发现问题一定要及时检修，严禁设备带故障运行，以及使用带缺损的工具、模具。

（4）在传送锻件时不得随意投掷，以防烫伤、砸伤。大的锻件或大型坯料必须用钳夹住，由吊车传送。锻件不得放在人行通道上，以保持道路的通畅。锻件要堆放在适合吊运且安全的指定地点，但绝不可堆得太高，一般堆放高度不应超过1米，以免突然倒塌，砸伤、压伤人。和生产无关的工具、毛坯、锻件、料头、模具等，不要放在锻锤等设备周围，以免影响操作工人正常工作。易燃、易爆物品更不得放在加热炉和锻锤周围。

（5）操作工人不得在掌钳时，将钳柄顶在人体的肚子及其他部位，以免在打击锻件时，钳突然冲出，危及人的身体。一般情况下，应让钳柄处于人体左侧，且不要把钳口放在锤头行程的下面，掌钳时不要把手指放在两钳柄之间，以防钳口迸裂，钳柄突然相互撞击，挤伤处于其间的手指。

（6）不得直接锻打冷料和过烧坯料，以防脆性太大而飞裂伤人；不得用手或脚去清除砧面上的氧化皮、料头等；工作结束时，要及时关闭动力开关（电门、气门、油门等），将锤头放到固定位置，使其平稳，将工具、模具、材料、锻件等放到各自的指定位置，清理好工作地。

（7）认真做好交接班工作，并将有关表格填写清楚，交接班时，将本班生产情况，如设备的运转及安全状况，工具、模具有无损伤等及其他注意事项交代清楚。

（8）注意电气安全，不准擅自进行电气修理或擅自改线。电线损坏时，应及时找电工修理。不是本岗位责任以内的电气设备，不准私自操作。

2. 锻造中使用火焰加热炉时应注意的安全事项

各种火焰加热炉在工作时，不仅是高温热辐射的主要来源，而且排出的烟尘和废气会污染环境，因此操作时应注意如下要求：

（1）新砌成或大修后的炉子，在使用前必须经过烘烤和加热，使炉壁中的水分缓慢蒸发掉。烘烤时要严格控制升温速度，不可太快，以免炉体开裂，影响使用寿命。烟囱和烟道也要一并烘烤。

（2）固体燃料炉一般用木材引火，然后逐渐开风升温，使用时要及时添煤和清渣，每次停炉时均应将燃烧室的灰渣清除干净。煤气或重油炉点火前必须打开炉门及烟道闸门，用鼓风机吹出残留在炉中的废气，点火时要用长柄点火物，先缓慢开启煤气或重油阀门，后开启空气阀门，严禁在点火物还没有伸到点火孔之前就开启煤气或重油阀门，以免发生爆炸。操作者要注意避开点火孔，无关人员也应离开炉门处。喷嘴须由上而下、由里而外地逐个点燃和调节，以防火焰喷出烧伤人。若未点着火或点火后又突然熄灭，应立即关闭煤气或重油阀门及空气阀门，待查明原因，消除故障后重新点火。

（3）加热过程中，对固体燃料炉要随时观察燃料的燃烧情况，切实保证均匀完全燃烧，避免产生烟雾。煤气或重油加热炉在使用过程中要随时检查煤气压力、油压与油温，以及鼓风机或抽烟机的运转情况，如发现煤气压力、油压过低，空气突然停止供应或发生回火现象，均应迅速关闭气阀和油阀，并认真查明原因。

（4）在煤气设备、煤气或重油管路上检查试漏时，严禁使用明火，可用肥皂水试漏。

（5）一般燃油、燃气的锻造加热炉，其油、气燃烧产物多和加热坯料处在同一面上循环，为避免喷嘴的火焰与加热坯料相接触，喷嘴的安装高度要比坯料高出 250 毫米。

（6）自动控温仪表应安放在少尘、防振、环境温度为 0～60 摄氏度的地方。

3. 锻造中使用电加热炉时应注意的安全事项

（1）使用前必须对炉子的安全接地线、电热体、炉壁和炉底等进行全面检查，发现问题，及时解决。

（2）操作时注意防止工具、坯料碰坏耐火砖和电热体，并应使用套有绝缘胶管手柄的工具，站立在胶皮垫子上，以免发生触电事故。

（3）装料和取料（锻造操作中钩料除外）时必须关闭电源，坯料与发热元件应保持一定距离。

（4）应经常检查控温仪表及控制盘，以免因跑温而烧坏电热体。当炉温或功率不符合要求时，应与有关人员联系，不得擅自调整和修理。

（5）炉子停止使用时，应关闭炉门，禁止使用冷空气降低炉温，以延长加热元件的使用寿命。

（6）正确穿戴好劳动防护用品，以减少高温辐射造成的伤害。

4. 操作自由锻锤应注意的安全事项

（1）锻锤启动前应仔细检查各紧固连接部分的螺栓、螺母、销子等有无松动或断裂，砧块、锤头、锤杆、斜楔等的结合情况以及是否有裂纹，发现问题，及时解决，并检查润滑给油情况。

（2）空气锤的操纵手柄应放在空行程位置，并将定位销插入，然后才能开动，开动后要先空转 3 ~ 5 分钟。蒸汽—空气自由锻锤在开动前应先排除汽缸内的冷凝水，工作前还要把排气阀全部打开，再将进气阀稍微打开，让蒸汽通过气管系统，待排气阀预热后再把进气阀缓慢地打开，并使活塞上下空走几次。

（3）冬季要对锤杆、锤头和砧块进行预热，预热温度为 100 ~ 150 摄氏度。

（4）锻锤开动后，要集中精力，按照掌钳工的指令和规定的要求操作，并随时注意观察。如发现不规则噪声或缸盖漏气等不正常现象，应立即停机检查。

（5）操作中避免偏心锻造、空击或重击温度较低、较薄的坯料，并随时清除下砧上的氧化皮，以免溅出伤人或损坏砧面。

（6）使用脚踏操纵机构的，在测量工件尺寸或更换工具时，操作者应将脚离开脚踏板，以防误踏。

（7）工作完毕，应平稳放下锤头，关闭进、排气阀和电源，做好交接班工作。

5. 操作模锻锤应注意的安全事项

（1）工作前检查各部分螺钉、销子等紧固件，发现松动及时拧紧。在拧紧密封压紧盖的各个螺钉时，用力应均匀，防止偏斜。

（2）锻模、锤头及锤杆下部要预热，尤其是冬季，不允许锻打低于终锻温度的锻件，严禁锻打冷料或空击模具。

（3）工作前要先提起锤头进行溜锤，判别操纵系统是否正常。如操作不灵活或连击，不易控制，应及时维修。

（4）在操作时，应注意检查模座的位置，发现偏斜应予以纠正，严禁将手伸入锤头下方取放锻件，也不得用手清除模膛内的氧化皮等物。

（5）锻锤开动前、工作完毕或操作者暂时离开操作岗位时，应把锤头降到最低位置，并关闭蒸汽。打开进气阀后，不准操作者离开操作岗位。

（6）检查设备或锻件时，应先停车，将气门关闭，采用专门的垫块支撑锤头，并锁住启动手柄。

（7）装卸模具时不得猛击、振动，上模楔铁靠操作者方向不得露出锤头燕尾100毫米以外，以防锻打时折断伤人。

（8）工作中要始终保持工作场地整洁。工作结束后，在下模上放入平整垫铁，缓慢落下锤头，使上、下模之间保持一定的空间，以便烘烤模具。

（9）同一台设备的操作者必须相互配合，听从统一指挥。

（10）做好交接班工作。

6. 采用剪床下料应注意的安全事项

在剪床上工作，输送金属料（尤其是棒料）时常会发生工伤事故，其原因多是送料时动作不协调或操作不正确。最严重的是当剪切棒料时，棒料突然弹起伤人。因此，在作业时应注意以下安全问题：

（1）必须将棒料用夹具夹牢。

（2）必须在允许载荷条件下使用剪床，这样才能保证安全。

（3）必须将踏板的非工作面盖住，避免工人不小心踏动了踏板使剪床意外开动而引起事故。

7. 水压机操作人员应遵守的安全规程

为了确保安全，水压机的操作人员应遵守以下安全规程：

（1）当压力计发生故障时，严禁使用水压机。

（2）工作前必须将砧面上的油污、水渍擦干，以免工作时飞溅伤人。

（3）开车前应对水压机各部位进行认真检查，如检查本体上各紧固螺栓、螺母的连接是否牢靠，立柱、工作缸柱塞和回程缸柱塞是否有研伤、积瘤存在，安装在立柱上的活动横梁下行限位器位置是否正确，限位面是否在同一水平高度上，上、下砧的固定楔是否已紧固，各操纵手柄是否轻便、灵活，定位是否正确等。

（4）油箱中的油量应达到油标线以上；凡人工加注润滑油的部位，如立柱、柱塞等处，工作前应均匀喷涂润滑油，对操纵机构中的各铰链、轴套、摇杆等也要注意添加润滑油。

（5）严禁超出设备允许范围的偏心锻造；切肩、剁料时，禁止在铁砧边上进行，剁刀应垂直放在坯料上，如在剁刀上加方垫，则方垫必须与剁刀背全面接触；禁止使用楔形垫，以免锻压时飞出伤人；冲孔时，开始施压和冲去芯料时都应特别小心，禁止用上、下砧压住锻件后使用吊车拔出冲头。

（6）利用吊车配合锻造工作时，坯料在砧面上应保持水平，上砧落到锻坯上时不得有冲击。

（7）研配后，所有阀均不得有泄漏，安全阀在调整好以后最好打上铅封。

（8）充水罐内的低压水每半年左右应更换一次。

（9）水压机长时间停止工作时，应将水缸和所有管路系统中的水放出。

（10）车间内的温度不应低于5摄氏度。

（11）工作结束后应把分配器的操纵手柄扳到停止位置，清理场地，做好交接班工作。

8. 摩擦压力机操作人员应遵守的安全规程

为了确保安全，摩擦压力机操作人员应遵守如下安全规程：

（1）工作前认真检查操纵系统是否正常，刹车机构和上、下限位挡铁等安全装置是否完整可靠，润滑系统是否正常。

（2）装卸模具要停车进行，调整模具时，需开车使滑块缓慢升降，模具要固定牢固。

（3）严格控制行程，禁止水平摩擦盘顶与主轴相撞。

（4）采用带有顶杆装置的模具时，必须调整好上、下限位挡铁，缓慢施压，以防顶坏模具。在进行压印和校正等刚性冲击时，其行程不宜超过最大行程的65%。

（5）工作后关闭电源，整理工作场地，做好交接班工作。

9. 曲柄压力机操作人员应遵守的安全规程

为了确保安全，曲柄压力机操作人员应遵守以下安全规程：

（1）安装模具时必须使模具的闭合高度与压力机的闭合高度相适应。调整压力机的闭合高度时，应采用寸动冲程。压力机的工作台不允许处于最低极限位置，而应处于其调节量的中限，模具固定要牢固。

（2）工作前应认真检查压缩空气的压力，当压力小于 3.92266×10^5 帕时，不得开动压力机。

（3）检查设备的操纵系统、润滑系统是否正常。检查离合器、制动器及防护装置是否安全完好。

（4）为防止压力机的滑块被卡住，严禁在该设备上超负荷工作。

（5）电动机启动后，要等飞轮转速正常后方可操纵滑块进行锻造，工作中，操作人员不得离开岗位，也不准清理、调整、润滑设备。不准将手或工具等伸入滑块行程范围内。

（6）脚踏操纵板上应装安全罩，以免他人或物体误压而引起滑块突然下滑，造成意外事故。

（7）压力机长时间连续工作时，应注意检查电动机、离合器、制动器、滑块及导轨等处有无过热、冒烟、打火花等现象，如有，则应适当冷却后再继续工作。

（8）工作结束，要使滑块落到下死点位置，并切断电源，关闭压缩空气，整理工作场地，做好交接班工作。

10. 平锻机操作人员应遵守的安全规程

（1）所用棒料尺寸要合格，工具要齐备。

（2）工作前要检查离合器、制动器、挡料机构等是否正常，检查凹模是否牢固，操纵系统及防护装置是否可靠，各润滑点是否已加好油。

（3）检查压缩空气的压力是否达到 3.92266×10^5 帕，管路有无漏气现象，发现问题及时检修。

（4）工作时要严格按工艺顺序操作，电动机启动约 30 秒后，才能踏操作气门，严禁在电动机启动后立即踏操作气门。

（5）不得使设备超负荷工作，不准锻打加热不良或过长的棒料，棒料锻造前应先清除氧化皮。

（6）坯料未在模膛内放正时，不允许踩脚踏板。

（7）在锻造过程中，必须使凹模、冲头得到充分冷却，冷却水流应均匀，停止工作时，要关闭水门，让模具在空气中自然冷却。

（8）在设备停止工作、电源切断、压缩空气阀门关闭的情况下，方可进行设备检修、更换零部件及调整工作。

（9）工作后必须将操纵踏板置于安全位置，操纵踏板的安全罩要经常罩在上面，还应关闭电源和压缩空气阀门，整理工作场地，做好交接班工作。

11. 切边压力机操作人员应遵守的安全规程

（1）工作前仔细检查设备各部分及手动、脚踏开关和安全防护装置是否灵活完好，并给润滑系统加油。

（2）所用压缩空气的压力不得小于 3.92266×10^5 帕。

（3）在安装模具时，模具的闭合高度必须与压力机的闭合高度相适应。

（4）检查切边冲头及凹模是否牢固，冲头与凹模的周边间隙是否分布均匀。

（5）装卸模具必须停车进行。

（6）压力机运转时不得做润滑、调整及检修工作，更不得伸手到冲模内取放工件或清理毛边、连皮，必须使用专门工具操作。

（7）在工件放入冲模及手、工具离开冲模后，才可踩脚踏板操作，每次冲切后脚要及时离开踏板，以防连冲。

（8）模具安装完毕，应试切一个带毛边的锻件，并进行自检，确认合格后方可投产。

（9）二人共同操作一台压力机时，要互相关照、协调配合。

（10）压力机工作台上不得放工件、工具及其他杂物，切边、冲孔后的锻件或毛边、连皮必须放在指定地点或料箱中。

（11）工作完毕，关闭电源，擦净机床与模具，做好交接班工作。

四、锻造安全作业标准

锻造安全作业标准见表2—2。

表2—2　　锻造安全作业标准

操作程序	作业标准
1. 一般要求	（1）操作人员必须经过专业安全培训，经考核合格取得操作证后方可从事锻造生产 （2）操作人员应按规定穿戴好完整有效的劳动保护用品 （3）作业前应认真检查设备是否运转正常，电气、仪表及各类保护装置是否灵敏可靠，各类设备不得带故障运行 （4）各类设备不得进行超负荷作业 （5）严格遵守《起重机械安全规程》（GB/T 6067）的规定操作起重机械，并对吊具进行定期检查 （6）作业场地应保持整洁，不应有影响操作的物品存在，物品应严格按指定区域归类堆放，排列有序 （7）工作中无关人员不得进入操作区内
2. 备料	（1）在锻锤上下料时，首锤应轻击，锻击不得过猛，坯料两端不得站人。工具应完好干净，不得沾有油、水等物，放置要正确，严禁冷剁下料 （2）剪断机下料前应检查其自送料装置或吊运棒料装置，应安全可靠 （3）锯床下料时应设置防护罩，防止切屑飞溅伤人

续表

操作程序	作业标准
2. 备料	（4）砂轮下料时，砂轮切线方向不得站人，并设置防护装置和在粉尘运动方向上安装吸尘装置 （5）碳钢和低合金钢大锻件采用火焰切割时，应在划定的区域内进行，并设置机械通风装置
3. 加热	（1）新砌的加热炉投入运行前应按烘炉工艺规程规定进行烘炉，烘炉结束后方可投入使用 （2）装取料的工具及机械应完好，操作人员在钩料时与燃煤加热炉出料口应保持一定距离，防止炉门口喷火灼伤 （3）燃气、燃油加热炉点火时，操作人员应避开点火孔和炉门，以免喷火灼伤 （4）燃气加热炉点火前应先将炉门全部敞开，将炉内废气全部吹走后再关气阀。着火物放进点火孔内，再缓慢打开煤气阀门，再开空气阀 （5）煤气压力低于 80×133.322 帕时不能点火；正常燃烧过程中煤气压力突然下降到不足 20×133.322 帕时，应立即紧急停炉，迅速关闭煤气阀门 （6）燃气、燃油加热炉使用中若突然停止送风，应迅速关闭阀门。在观察喷油情况及燃烧情况时，应距离炉门 1.5 米之外 （7）检查管路是否存在渗漏时，严禁使用明火 （8）中频感应加热设备的冷却水必须经软化处理，其温度不得低于作业场地内空气露点的温度，感应器不得在空载时送电
4. 锻造	（1）自由锻造 1）作业前检查所有工具应符合安全操作的要求，完好无损 2）作业人员不得将手或身体各部位伸入锤头行程内，应使用专用工具清扫氧化皮 3）锻打时锻件应置于砧座中心部位，首锤应轻击，然后重击，并及时清理氧化皮 4）使用脚踏开关操纵空气锤时，在需要悬空锤头时应将脚离开踏板，防止误踏 5）大型锻件的锻造使用起重机作辅助工具时，挂链与吊钩应用保险装置钩牢，锻件挂链和送料叉上的位置应平稳可靠，防止滚动脱落 6）使用低碳钢制造的夹钳必须与锻件形状、尺寸相适应，夹持较大锻件时应用钳箍箍紧。作业人员手指不得伸入钳柄中间，钳子端部不得正对着身体

续表

操作程序	作业标准
4．锻造	7）毛坯和锻件传送应采用机械传送装置，不得随意抛掷 （2）模锻 1）装卸模具应按操作规程进行，模具安装必须安全可靠，经试车合格后方可使用 2）模具应按规定进行预热 3）蒸汽锤、电液锤锤头、锤杆下部也应预热，开锤前应将汽缸中的冷凝水排出，冬季空转5～10分钟，夏季空转2～3分钟 4）工作时应使用专用工具取放锻件，手和身体各部位不得伸入模具之间。清扫氧化皮应使用专用工具 5）机械压力机工作中应随时注意观察，检查离合器、制动器、滑块与导轨、轴承及各部位连接件等处有无异常，发现问题，及时排除 6）安装切边模应测量凸凹模闭合高度，保证在一个冲程内完成切边，并及时清理飞边 7）锻件校直时应选择合适的校直设备，校直前锻件应放置稳定牢固，锻件两端不应站人 8）禁止超负荷使用设备 9）严禁打空锤，严禁打过烧及低于终锻温度的工件
5．清理	（1）工作场地应保持整洁，不应乱堆杂物 （2）应优先采用喷（抛）丸作业，并配有高效安全的湿法除尘系统 （3）采用刮刷、高压水、水中放电清理热坯料氧化皮必须设置安全保护装置 （4）酸洗作业前应穿戴好规定的防护用品，启动室内通风装置 （5）配制酸洗液时，应将酸液缓慢地加入水中，切勿将水加入酸液；配制混合酸时，先将盐酸加入水中，再加硝酸，最后加硫酸；向槽中补充酸液、药品或加水时，应仔细搅拌，防止溶液溅出 （6）起吊挂具应牢固可靠，锻件出入酸槽应轻缓平稳，不应碰撞槽壁，出槽时应将酸液控净。酸洗用起吊挂具应定期检查，起吊挂具腐蚀量大于原尺寸10%的，应报废更新 （7）操作中若不慎溅触酸液，应立即用自来水清洗，并妥善医治
6．检验	（1）锻件检验应根据锻件材料、外形、尺寸正确选择检验方法、检验设备和仪表 （2）采用磁粉、荧光、X射线检验时，应做好防护措施

第四节 金属切削加工

一、金属切削加工工艺及特点

利用刀具和工件的相对运动，从毛坯上切去多余的金属，以获得所需要的几何形状、尺寸、精度和表面粗糙度的零件，这种加工方法称为金属切削加工，也称为冷加工。金属切削加工的形式很多，一般可分为车、刨、钻、铣、磨、齿轮加工及钳工等。

金属切削机械是用运动的刀具把金属毛坯上多余的材料除去的加工机械，也常称为“工作母机”，习惯上称为机床。金属切削机床的种类很多，结构也有很大差异，但其基本结构都是由机座、传动机构、动力源和润滑及冷却系统构成。它们的工作原理都是利用固定在支撑装置上的刀具和被加工工件之间的相对运动，从而把工件表面多余的金属层逐渐切除。根据加工方式和使用刀具的不同，金属切削机床可分为车床、钻床、镗床、刨插床、拉床、磨床、铣床、锯床、齿轮加工机床、螺纹加工机床、特种加工机床和其他机床等共 12 大类。

二、工艺操作安全要求

1. 金属切削机床上应装的安全防护装置

防护装置是用于隔离人体与危险部位和运动物体的，它是机床结构的组成部分，在机械传动部位，均应安装可靠的防护装置。金属切削机床上应装的安全防护装置主要有：

（1）防护罩。其作用是将机床的旋转部位与人体隔开，防止人体受伤。

（2）防护挡板。其作用是隔离磨屑、车屑、刨屑、铣屑等各种切屑和切削液，防止它们飞溅伤人。

（3）防护栏杆。对某些不能在地面操作的机床设备，在其危险区域、高处、走台处安设栏杆；容易伤人的大型机床运动部位，如龙门刨床床身两端也应加设栏杆，以防撞人。

2. 防止切屑危害的措施

切屑对操作安全的影响很大，例如，锋利的切屑能对人体未加防护的部位造成刺、割伤，高速飞出的切屑碎片容易对人体造成打击伤，高温切屑迸溅到人体的暴露部位可导致人员烫伤，带状切屑还可缠绕伤人。

切屑的危害性与其形状以及切屑流向有关，可从以下几方面进行防护：

（1）控制切屑的形状，使带状切屑折断成小段卷状，这样可避免切屑缠绕伤人。具体措施有改变刀具的角度、安设断屑装置等。

（2）在刀具附近安装排屑器，控制切屑流向，使切屑按预定方向排出。

（3）在机床上安装透明防护挡板，不但可防切屑伤人，而且不影响工人的观察与操作。

3. 切削加工前的安全准备工作

切削加工工作开始前应做以下准备工作：

（1）穿工作服，扎紧袖口，将头发压在工作帽内。戴护目镜，防止飞迸的切屑和飞溅的切削液伤眼。

（2）检查工作现场，了解前一班机床使用情况。

（3）检查木质脚踏板的状态。

（4）检查手工工具的状态（如锉刀把应有金属环，以防劈开扎手，扳手要合适）。

（5）布置工作场地，按左、右手习惯放置工具、刀具等，毛坯、零件要堆放好。

（6）检查机床专用起重设备的状态。

（7）检查机床状况。固定式防护装置的牢固性，电动机导线、操作手把、手轮、冷却润滑软管是否和机床运动件及回转刀具相碰等。

（8）合闸，接上电源，打开照明灯。

（9）空车检查启动和停止按钮、手把、润滑冷却系统。进一步根据加工工艺要求调好机床。

（10）大型机床需两人以上操作时，必须明确主操作人员，由主操作人员负责统一指挥、互相配合。

4. 车床操作工应遵守的安全操作规程

为保证车削加工的安全，操作者应做到：

（1）操作人员必须经过培训，持证上岗，未取得上岗证的人员不能单独操作车床。

（2）操作者要穿紧身防护服，袖口扣紧，长发者要戴防护帽并将头发塞进防护帽内，操作时不能戴手套。切削工件和磨刀时必须戴防护眼镜。

（3）开机前，首先检查油路和转动部件是否灵活正常，夹持工件的卡盘、拨盘、鸡心夹的凸出部分最好使用防护罩，如无防护罩，操作时应注意保持距离，不要靠近，以免绞住衣服或发生碰撞事故。开机时要观察设备运转是否正常。

（4）车刀要夹持牢固，吃刀深度不能超过设备本身的负荷要求，刀头伸出部分不要超出刀体高度的1.5倍，垫片的形状尺寸应与刀体的形状尺寸相一致，垫片应尽可能少而平。转动刀架时要把车刀退回到安全的位置，防止车刀碰撞卡盘。在机床主轴上装卸卡盘应在停机后进行，不可借用电动机的力量取下卡盘。

（5）加工较大工件时，床面上要垫木板。用吊车配合装卸工件时，卡盘未夹紧工件不允许卸下吊具，并且要把吊车的全部控制电源断开。工件夹紧后车床转动前，须将吊具卸下。

（6）使用砂布打磨工件时，砂布要用硬木垫，车刀要移到安全位置，刀架面上不准放置工具和零件，划针盘要放牢。加工内孔时，不可用手持砂布打磨，应用木棍代替，同时速度不宜太快。

（7）变换转速应在车床停止转动后进行，以免碰伤齿轮，开车时，车刀要慢慢接近工件，以免切屑突然迸出伤人或损坏工件。

（8）除车床上装有运转中可自动测量的装置外，均应停车测量工件，并将刀架移动到安全位置。

（9）工作时间不能随意离开工作岗位，有事离开必须停机断电；禁止在工作场地玩笑打闹，工作时思想要集中；不能在运转中的车床附近更换衣服；禁止把工具、夹具或工件放在车床床身和主轴变速箱上。

（10）工作场地应保持整齐、清洁，工件存放要稳妥，不能堆放过高，切屑应用钩子及时清除，严禁用手拉，电气设备发生故障应马上断开总电源，及时叫电工检修，不能擅自拆修。

5．钻床操作工应遵守的安全操作规程

为了确保钻削加工的安全，操作者应注意：

（1）开机前检查电气设备、传动机构及钻杆起落是否灵活好用，防护装置是否齐全，润滑油是否充足，钻头夹具是否灵活可靠。

（2）钻孔时钻头要慢慢接近工件，用力要均匀适当，孔快钻穿时，不要用力太大，以免工件转动或钻头折断伤人。精铰深孔、拔锥棒时，不可用力过猛，以免手撞在刀具上。

（3）钻孔时必须夹紧工件，尤其是质量较小的零件必须牢固夹紧在工作台上，严禁用手握住工件加工。钻薄板孔时要用木板垫底，钻厚工件时钻到一定深度后应清除切屑，并加乳化液冷却，以免折断钻头，停钻前应从工件中退出钻头。

（4）采用自动走刀方式进给时，要选好进给速度，调整好行程限位块。手动进刀时，应逐渐增加压力或逐渐减小压力，以免用力过猛造成事故。

（5）使用摇臂钻时，横臂回转范围内不准站人，不准有障碍物，工作时必须将横臂紧固。

（6）严禁戴手套操作，钻出的切屑不能用手拿、口吹，须用刷子及其他工具清扫。横臂及工作台上不准堆放物件。

（7）刃磨钻头时一定要戴防护眼镜，钻头、钻夹脱落时，必须停机后才能重新安装，开机后不准用手摸钻头，不准进行对样板、量尺寸等工作。

（8）工作结束时，要将横臂降到最低位置，主轴箱靠近立柱，并且要夹紧。

（9）工作场地要清洁整齐，工件不能堆放在工作台上，以防掉落伤人。

6. 刨床操作工应遵守的安全操作规程

为了确保刨削加工的安全，工作中必须遵守下列规程：

（1）工作时应穿工作服，戴工作帽，头发应塞在工作帽内。

（2）开机前必须认真检查机床电气与传动机构是否良好、可靠，油路是否畅通，润滑油是否加足。

（3）工作时，操作位置要正确，不得站在工作台前面，防止切屑及工件落下伤人。

（4）工件、刀具及夹具必须装夹牢固，刀杆及刀头伸出应尽量短，以防工件“走动”，甚至滑出，使刀具损坏或折断，造成设备事故和人身伤害事故。

（5）应保持刨床的安全保护装置完好无缺、灵敏可靠，不得随意拆下，并要随时检查，按规定时间保养，保持机床运转良好。

（6）机床运行前，应检查和清理遗留在机床工作台面上的物品，机床上不得随意放置工具或其他物品，以免机床开动后发生意外伤人事故。机床开机前还应检查所有手柄和开关及控制旋钮是否处于正确位置。暂时不使用的部件，应将其停靠在适当位置，并使其操纵或控制系统处于空挡位置。

（7）机床运转时，禁止装卸工件、调整刀具、测量检查工件和清除切屑。机床运行时，操作者不得离开工作岗位。观测切削情况时，头部和手在任何情况下均不能进入刀的行程范围之内，以免碰伤。

（8）不准用手摸工件表面，不得用手清除切屑，以免伤人或切屑飞入眼内，要使用专用工具清除切屑，并应在停车后进行。

（9）牛头刨床工作台或龙门刨床刀架作快速移动时，应将手柄取下或脱开离合器，以免手柄快速转动损坏或飞出伤人。

（10）装卸大型工件时，应尽量使用起重设备。工件起吊后，不得站在工件的下面，以免发生意外事故。工件卸下后，要将工件放在合适的位置，并要放置平稳。

（11）工作结束后，应关闭机床电气系统和切断电源。并将所有操作手柄和控制旋钮都扳到空挡位置，然后再做清理工作，并给机床加注润滑油。

7. 铣床操作工应遵守的安全操作规程

（1）工人应穿紧身工作服，扎紧袖口，女工要戴防护帽并将头发塞进防护帽内，高速铣削时要戴防护镜，铣削铸铁件时应戴口罩，操作时，严禁戴手套，以防手被卷入旋转的刀具和工件之间。

（2）操作前应检查铣床各部件、电气部分及安全装置是否安全可靠，检查各个手柄是否处于正常位置，并按规定对各部位加注润滑油，然后开动机床，观察机床各部位有无异常现象。

（3）工作时，先开动主轴，然后作进给运动，在铣刀还没有完全离开工件时不允许先停止主轴。机床运转时，不得调整、测量工件和改变润滑方式，以防手触及刀具碰伤手指。

（4）做一个方向的进给运动时，最好把另两个进给方向的紧固手柄稍紧以减少工作时的振动，并有利于提高加工精度。

（5）在机动快速进给时，要把手轮离合器打开，以防手轮快速旋转伤人。在铣刀旋转未完全停止时，不能用手制动。

（6）铣削中不要用手清除切屑，也不要用嘴吹，以防切屑损伤皮肤和眼睛。

（7）装卸工件时，应将工作台退到安全位置；使用扳手紧固工件时，用力方向应避开铣刀，以防扳手打滑时撞到刀具或夹具。将沉重的工件和夹具往工作台上放时，一定要轻放，不许撞击，并且不要在工作台面上敲击。

（8）把工件、夹具和附件安装在工作台上时，必须清除和擦净工作台面以及夹具、附件安装面上的切屑和脏物，以免影响加工精度。

（9）装拆铣刀时要用专用衬垫垫好，不要用手直接握住铣刀。在卧式铣床上安装铣刀时，应尽量使它靠近主轴，以减少心轴和横梁的变形。

（10）注意选择合适的铣削用量，铣削用量应与机床使用说明书所推荐的数据相适应。

（11）工作完毕，应清洗机床、加注润滑油、检查手柄位置，以及对机床夹具、刀具等做一般性检查，发现问题要及时调整或修理，不能自行解决时应向班长反映情况。

8. 镗床操作工应遵守的安全操作规程

（1）工作前应认真检查夹具及锁紧装置是否完好正常。

（2）调整镗床时应注意：升降镗床主轴箱之前，要先松开立柱上的夹紧装置，否则会使镗杆弯曲及夹紧装置损坏而造成伤害事故，装镗杆前应仔细检查主轴孔和镗杆是否有损伤，是否清洁，安装时不要用锤子或其他工具敲击镗杆。

（3）工件夹紧要牢固，工作中工件不应松动。

（4）开始加工时，应先手动给进，当刀具接近加工部位时，再机动给进。

（5）当刀具在工作位置时不要开车或停车，待其离开工作位置时，再开车或停车。

（6）机床运转时，切勿将手伸过工作台；在检验工件时，如手有碰刀具的危险，应将刀具退到安全位置后再检验。

（7）大型镗床应设梯子或台阶，以便工人操作和观察。梯子坡度不应大于50度，并设防滑脚踏板。

9. 磨床操作工应遵守的安全操作规程

为确保安全生产，磨床操作工应遵守以下安全操作规程：

（1）操作内圆磨床、外圆磨床、平面磨床、工具磨床、曲轴磨床等时都必须遵守金属切削机械的安全操作规程。工作时要穿工作服，戴工作帽。

（2）工件加工前，应根据工件的材料、硬度、精粗磨等情况，合理选择砂轮。

（3）更换砂轮时，要用声响检查法检查砂轮是否有裂纹，并校核砂轮的圆周速度是否合适，砂轮的运转速度切不可超过其允许速度。必须正确安装和紧固砂轮，砂轮安装完毕后，要按规定尺寸安装防护罩。安装砂轮后，须经平衡试验，开空车试5～10分钟，确认无误后方可使用。

（4）磨削时，先将纵向挡铁调整紧固好。人不准站在砂轮的正面，应站在砂轮的侧面。

（5）进给时，不准使砂轮快速接触工件，要缓慢地进给，以防砂轮突然受力后爆裂而发生事故。

（6）砂轮未退离工件时，不得中途停止运转。装卸工件、测量精度时均应停车，并将砂轮退到安全位置以防磨伤手。

（7）用金刚钻修整砂轮时，要用固定的托架，湿磨的机床要开启切削液，干磨的机床要开启吸尘器。

（8）干磨的工件，不准突然转为湿磨，以免砂轮碎裂。湿磨工作中切削液中断时，要立即停磨。工作完毕应使砂轮空转5分钟，以将砂轮上的切削液甩掉。

（9）用平面磨床一次磨多个工件时，工件要靠紧垫妥，防止工件飞出或砂轮爆裂伤人。

（10）外圆磨床上用两顶针装夹工件时，应注意检查顶针是否良好。用卡盘装夹工件时，一定要将工件夹紧。

（11）用内圆磨床磨削内孔的过程中，用塞规或仪表测量工件时，应将砂轮退到安全位置，待砂轮停转后方能进行测量。

（12）工具磨床在磨削各种刀具、花键、键槽等有断续表面工件时，不能采用自动进给，进刀量不宜过大。

（13）使用万能磨床时应注意油压系统的压力不得低于规定值。油缸内有空气时，应排除空气，以防液压系统失灵造成事故。

（14）非专用的端面砂轮不准磨削较宽的平面，防止碎裂伤人。

（15）须经常调换切削液，防止污染环境。

10. 操作砂轮机应遵守的安全操作规程

（1）根据砂轮使用说明书，选择与砂轮机主轴转速相符合的砂轮。

（2）新砂轮要有出厂合格证或试验标志。安装前如发现砂轮的质量、硬度、粒度等存在缺陷或外观有裂缝，不准使用。

（3）安装砂轮时，砂轮的内孔与主轴配合的间隙不宜太小，应按松动配合的技术要求，将间隙控制在0.05～0.10毫米。

（4）砂轮两面要装法兰盘，其直径不得小于砂轮直径的 1/3，砂轮与法兰盘之间应垫好衬垫。

（5）拧紧螺母时，要用专用的扳手，不能拧得太紧，严禁用硬的东西敲，防止砂轮受击碎裂。

（6）砂轮装好后，要装防护罩、挡板和托架。砂轮与托架之间的距离应小于被磨工件最小外形尺寸的 1/2，最大不准超过 3 毫米，调整后必须紧固。

（7）新装砂轮启动时，应先点动检查，经过 5～10 分钟试转后，才能使用。

（8）初磨时不能用力过猛，以免砂轮受力不均而发生事故。

（9）禁止磨削紫铜、铅、木头等，以防砂轮嵌塞。

（10）磨削时，人应站在砂轮机的侧面，戴好防护眼镜和防尘口罩，禁止两人同时在一块砂轮上磨削。

（11）磨削时间较长时，应及时进行冷却，防止烫手。

（12）经常进行砂轮动平衡试验，使其保持良好的状态。

（13）吸尘器必须完好有效，如发现故障，应及时修复。

11. 插床安全操作规程

（1）工作前将工作服穿好，袖口衣襟扎紧，戴好防护眼镜，严禁戴手套，脖子不得挂毛巾。

（2）齿轮箱及油孔要经常保持一定的油量，不得缺油。

（3）安装工件时必须放稳、垫平、卡紧、不得松动，使用的压板要适当，不得过长，所用的垫铁不得凹凸不平或有毛刺。

（4）走刀的长度要调整适当，不要过长或过短，调整以后，必须将滑板和螺钉紧固住。

（5）在安刀时要一手托刀一手紧螺钉。

（6）在工作中不得用手摸刀头或工件，量尺寸或找角度时，一定要先停车。

（7）机床运转时严禁中途变速，需要变速时，必须停车后进行。

（8）吃刀时刀量要均匀，不要过猛，并适当地浇油或切削液。

（9）工作结束时要整理清扫工作场地，应把工具、夹具、刀具擦干净，放在所规定的箱内，按次序放好。

（10）擦机器各部分附近不准开车动作，用棉丝擦机床时必须检查有无铁末，不准用带铁末的棉丝去擦机器各个滑面及各部分。

12. 锯床安全操作规程

（1）操作前要穿紧身防护服，袖口扣紧，上衣下摆不能敞开，严禁戴手套，不得在开动的机床旁换衣服，或围布于身上，防止机器绞伤。必须戴好安全帽，发辫应放入帽内，不得穿裙子、拖鞋。

（2）机器开动前做好一切准备工作，虎钳安装要使锯料中心位于料锯行程中间。原料在虎钳上放成水平，与锯条成直角；若要锯斜角度料，则先把虎钳调整成所需角度，锯料尺寸不得大于该机床最大锯料尺寸。

（3）链条必须拉紧，锯前试车空转 3 ~ 5 分钟，以打出液压筒中和液压传动装置上各油沟中的空气，并检查锯床有无故障、润滑油路是否正常。

（4）锯割管材或薄板型材，齿距不应小于材料的厚度。在锯割时应将手柄退到慢的位置，并减少进刀量。

（5）锯床在运转中，不准中途变速，锯料要放正、卡紧、卡牢，按材质硬度和锯条质量决定进刀量。

（6）液压传动及润滑装置必须使用专用液压油和润滑油，切削液必须清洁，并按周期更换或过滤。

（7）在材料即将锯断时，要加强观察，注意安全操作。

（8）工作完毕，切断电源，把各操纵手柄放回空位上，并做好打扫工作。

（9）机床运转时如发现故障，应立即停车报告有关部门派机修工修理。

13. 台钻安全操作规程

（1）使用前要检查钻床各部件是否正常，必须穿好工作服，扎好袖口，不准围围巾，严禁戴手套，女工发辫应挽在帽子内。

（2）钻床的平台要紧住，工件要夹紧。钻小件时，应用专用工具夹持，不准用手拿着或按着钻孔，以免钻头旋转引起伤人事故以及设备损坏事故。

（3）调整钻床速度、装夹工具和工件以及擦拭钻床时要停车进行。

（4）钻头上绕长屑时，要停车清除，禁止用口吹、手拉，应使用刷子或铁钩清除。

（5）发现异常情况应立即停车，请有关人员进行检查。

（6）钻床运转时，不准离开工作岗位，因故要离开时必须停车并切断电源。

（7）钻薄板需加垫木板，钻头快要钻透工件时，要轻施压力，以免折断钻头、损坏设备或发生意外事故。

（8）钻头在运转时，禁止用棉纱和毛巾擦拭钻床及清除切屑。工作完成后钻床必须擦拭干净，切断电源，零件堆放及工作场地保持整齐、整洁。

14. 钳工应遵守的安全操作规程

（1）工作前应严格检查工具、器具是否完整、可靠，安全设施是否齐备、牢固。

（2）钳工工作台上应设置铁丝防护网，錾凿时应注意对面作业人员的安全，严禁使用高速钢材料做錾子。使用的各种錾头不能经淬火热处理，并不可用锤子直接打击工件，应用木头或软金属垫着打击。

（3）使用锤子时应检查锤头是否牢固，打锤时不准戴手套，在大锤运动的范围内严禁站人，不许用大锤打小锤，也不许用小锤打大锤。

（4）使用手持电动工具时，应检查是否有漏电现象，工作时应接上漏电开关，并且注意保护导电软线，避免发生触电事故，使用电钻时严禁戴手套工作。

（5）用手锯锯割工件时，锯条应适当拉紧，以免锯条折断伤人。

（6）不准将手伸入两件工件连接的通孔内，以防工件移位挤伤手指。

（7）检修具有易燃易爆危险性的设备时，一定要事先取得检修许可证和动火证。

(8) 设备试机前，必须详细检查各转动部件、电气部件是否符合安装要求，并对在场人员发出警示，然后按设备说明书的要求进行试机。

(9) 电气设备故障修理必须找维修电工，不准擅自拆卸插座、插头或弃之不用，也不准直接将电线插入插座内使用。

(10) 在交叉和多层作业时，应戴安全帽，并注意统一指挥。登高作业要先检查梯子是否结实，拴好安全带，工具材料不准直接放在人字梯等可移动的设施上，以免坠物伤人。安装、拆卸大型机械设备时，要和起重工密切配合。

(11) 设备检修完毕，应使所有的安全防护装置、声光信号、安全阀、爆破片等恢复到正常状态。

三、金属切削加工安全作业标准

车床安全作业标准见表2—3。

表2—3　车床安全作业标准

操作程序		作业标准	安全要点
1. 准备	(1) 检查	1) 检查机床各手柄是否到位 2) 确认电气开关完好 3) 确认卡盘保险螺栓拧紧牢固 4) 各润滑点注油 5) 开空车转动，由低速至高速试车3~5分钟，观察车床状态是否正常	安全防护装置齐全有效，劳动保护用品穿戴齐全，禁止戴手套作业，袖口要扎紧，长发应塞入工作帽内；禁止酒后上岗；发现异常要及时排除故障；磨刀时要戴好防护眼镜；禁止磨削有色金属或非金属材料；严禁两人同时使用一个砂轮
	(2) 磨刀	1) 检查砂轮有无裂纹，电气开关是否良好，确认接地牢靠，除尘装置有效，托架灵活、稳固 2) 右手食指按启动开关，观察砂轮运转是否正常 3) 两脚叉开，站在砂轮机侧面，两手端平车刀，用力均匀，磨高速钢刀具时用水冷却 4) 磨完刀，用右手食指关闭开关	

续表

操作程序		作业标准	安全要点
2. 装夹	(1) 装夹小型工件	1) 用卡盘扳手将卡爪松至工件尺寸 2) 两手搬起加工件，准确地放在卡爪之间 3) 右手扶加工件，左手用扳手拧紧卡盘爪，夹紧工件 4) 左手拿扳手，右手拿套管，左脚在前，右脚在后，两手用力，确定工件夹紧牢固 5) 用手扳动卡盘转一圈，确认转动无障碍	工件应先清除毛刺，夹持要牢靠；加工质量不均衡的工件要加装平衡块；装卸和校正大型工件时，床面要垫木板，防止工件坠落；禁止在机床上猛力敲击
	(2) 装夹大型工件	1) 用卡盘扳手将四个卡爪松至工件尺寸 2) 根据工件质量选择钢丝绳，将钢丝绳拴在工件重心位置，指挥吊车平稳吊起，将工件一端准确地推进四个卡爪中间，进行找正 3) 左手拿扳手放在卡盘扳手孔内，右手拿套管套在扳手手柄上，两手扳动扳手，逐一拧紧卡爪。将工件夹住后，取下吊车吊钩和钢丝绳 4) 左脚在前，右脚在后，两手用力均匀，将工件夹紧	
	(3) 装夹轴类工件	1) 按图样要求，在轴类工件上加工中心孔 2) 双手搬牢取下小卡盘，放在适当的位置，指挥吊车吊下大卡盘，放在适当的位置 3) 装上拨盘，指挥吊车将轴件吊装在拨盘上，另一端用尾座顶尖顶牢。加工长轴要用中心架或跟刀架	

续表

<table>
<tr><th colspan="2">操作程序</th><th>作业标准</th><th>安全要点</th></tr>
<tr><td rowspan="4">3．车削</td><td>（1）装刀</td><td>1）装刀要平稳，刀尖伸出长度要合适，刀尖要与工件中心等高，加工大件时刀尖稍高于工件中心
2）两脚前后分开，站稳，两手要用力扳动扳手将螺栓锁紧，车刀安装要牢固可靠</td><td rowspan="4">测量工件必须停车，不准把手伸到对面取送物件；有自动快速进给功能的机床，不得纵向、横向同时启动，不得直接用手抓卡盘以制动；停车或突然停电时，要将刀具退出切削面，进给手柄放在空挡，切断电源</td></tr>
<tr><td>（2）车削</td><td>1）左手抬起离合器开关
2）左手摇进给箱手柄，右手摇溜板箱手柄，刀尖对准加工件，慢慢进给，选择合理的切削速度后，抬起自动进给手柄，进行自动进给
3）停车测量工件时，右手拿卡钳，左手拿钢直尺
4）开车车削，用铁钩清除切屑
5）根据工艺尺寸加工至合格</td></tr>
<tr><td>（3）抛光</td><td>1）用车刀抛光工件时，转速选择要适当
2）用锉刀抛光工件时，右手在前拿住锉刀前端，左手在后握住锉刀把。转速要低，锉刀与工件中心线垂直，右臂抬高，轻轻下压由右向左缓慢移动
3）用砂布抛光工件时，转速要低，右手在前，左手在后，拉直砂布与工件中心线垂直，由右向左移动</td></tr>
<tr><td>（4）钻中心孔</td><td>1）将尾座顶尖卸下，再把中心钻安装牢固，将尾座推至距加工件 10 毫米左右固定
2）根据钻孔大小选择转速，摇动尾座手轮，钻头慢慢推进钻孔</td></tr>
</table>

续表

操作程序		作业标准	安全要点
3．车削	（5）切断工件	1）将切断刀装夹固定在刀架上 2）左手摇进给箱手柄，右手摇溜板箱手柄，将切断刀对准切割处。快切断时，速度要慢，使切掉端自然掉下或快断时停车折断	
4．卸工件	（1）卸小型工件	1）左手拿卡盘扳手，右手拿加力套管。扳手放入卡盘扳手孔内，加力套管套在扳手手柄上。右脚在前，左脚在后，两手扳动扳手，逐渐用力，松开卡爪 2）右手扶住工件，左手将扳手取下 3）双手将工件搬下，放在指定位置，摆放整齐平稳	装卸工件完毕，扳手必须拆离卡盘
	（2）卸大型工件	1）将加工好的工件在重心位置拴好钢丝绳，挂好吊车吊钩，将钢丝绳拉紧 2）松开四个卡爪 3）用手扶住工件，指挥吊车把工件放在指定地方，摆放整齐平稳	
5．交班	（1）清理	1）将车削加工后的切屑用铁钩、铁锹、扫帚等工具清扫干净，放入推车，倒放在指定地点 2）将拣出的料头、废料等分别放到指定地点	清扫机器和打扫环境卫生，机床导轨和滑动面不能有切屑及油垢
	（2）交班	将本班设备运转情况、安全情况、任务完成情况等，详细写入交接班记录本，向下一班交代清楚	

铣床、滚齿机安全作业标准见表2—4。

表2—4　　铣床、滚齿机安全作业标准

操作程序		作业标准	安全要点
1．准备	（1）检查	1）确认机床各部件良好、接地可靠，工作场所无障碍物 2）确认各种卡具、量具、工具完整无损 3）向各润滑点注油 4）准备好各种工具、量具、压板、垫铁等	劳动保护用品穿戴齐全，禁止戴手套操作铣床，禁止酒后上岗；配置交换齿轮时，必须切断电源
	（2）准备	1）根据齿轮数、齿数，选好铣刀、滚刀，并根据刀具内孔直径选择好相应的刀杆 2）根据工件大小和工艺要求，选择相应的夹具，如分度头、台虎钳或压板 3）根据齿轮数、齿数或工件等分数，进行交换齿轮配置或分度头分度 4）配置交换齿轮时蹲在或站在机床后端，打开后盖，将各紧固螺栓松开，双手取下交换齿轮，再双手将新选用的交换齿轮装上，调整适当后拧紧各紧固螺栓，关好后盖	
2．装刀	（1）卧式铣床	1）站在机床侧面，将主轴锥孔擦净，双手搬起刀杆，把刀杆装入主轴锥孔内，一手推紧刀杆，一手拧紧拉杆，将刀杆固定在主轴上 2）刀杆上装垫圈以确定铣刀位置，套入铣刀，在铣刀和刀杆之间放入止动键，再在铣刀外侧装上适合的垫圈、衬套 3）调整横梁长度，使主轴置于适当位置，拧紧横梁紧固螺钉，再将刀杆螺母拧紧	衬套与刀杆支架配合面间不得有杂物，以免将刀杆挤弯；必须先拧紧横梁螺钉，再拧紧刀杆螺母，防止刀杆或立铣刀脱落伤手；拧紧拉杆螺母时，注意防止铣刀脱落

续表

操作程序		作业标准	安全要点
2. 装刀	(2) 立式铣床	1）站在机床正面，将主轴锥孔擦净，双手将所需立铣刀装入主轴锥孔内，对准定位键，用木板垫好，或用左手托住。右手拧紧拉杆螺母，将其牢靠地固定在主轴上 2）装面铣刀时，左手托住刀具，右手拧紧固定螺钉，将刀具牢靠地固定在刀杆上	
	(3) 滚齿机	1）站在机床侧面，将主轴锥孔和刀轴锥柄擦净，双手托起刀杆，使刀轴上的扁方对准主轴推紧，然后拧紧拉杆螺钉，使刀杆紧固在主轴上 2）将刀杆全部取下擦净，装入适当轴套，使刀具中部尽可能对正工作台回转中心，双手托起滚刀，使滚刀上的键槽对正刀杆上的键，推紧 3）左手扶住滚刀，右手将轴套装上，然后装上支撑，拧紧支撑螺钉，再上紧刀杆螺母，调整支撑至适当时，紧固螺钉	
3. 装夹工件	(1) 机用虎钳（铣床）	1）擦净工作台面和机用虎钳底面，机用虎钳定位键对准工作台中T形槽，平稳地将机用虎钳放在工作台上，压紧 2）将钳口根据工件尺寸打开。两手抬起工件，放入机用虎钳钳口内，一手扶住工件，一手扳动扳手将工件夹牢	垫铁平面间不得有污物；用较大的扳手时要站成弓步，以便施力

续表

操作程序		作业标准	安全要点
3. 装夹工件	(2) 压板、螺栓（铣床）	1）两手搬起工件，放在工作台上，摆好位置、校正，使用垫铁配合，用压板将工件压住，一手扶住工件，一手用扳手将压板螺栓拧紧 2）较重、较大型工件，用绳子拴好，指挥吊车吊起，用手扶住工件，平稳地放在工作台上，摆放好位置，取下吊具，用压板将工件压牢	
	(3) 滚齿机	1）根据加工件的厚度和直径，选择合适的垫块，套在心轴上或垫在工件下 2）双手搬起工件，轻轻套入心轴，置于垫块上，选择适当的垫圈压板套在心轴上，并压在工件上，将紧固螺母拧进心轴 3）扳过前支柱的悬臂套入心轴顶端，找正工件，拧紧紧固螺母，再次检查工件 4）加工大型工件时，将工作台擦净，指挥吊车将六个支撑座吊起，擦净底面，将支撑座平稳地放在工作台上，小型工件用双手搬起，置于工作台上，调整适当后紧固 5）将大型工件固定好，指挥吊车吊起，两手扶住工件，平稳地放在支撑座上，取下吊具 6）找正工件，用紧固螺栓和压板将工件牢固地固定在支撑座上。紧固螺栓时，两腿叉开、站稳。右手握住扳手手柄，左手扶住扳手头部，防止滑落	

续表

操作程序		作业标准	安全要点
4．铣削	（1）铣床	1）接通机床电源，快速使工件加工面靠近铣刀，距离50毫米左右停止快进，站在机床侧面。右手摇动工作台纵向移动手柄，左手摇动工作台横向移动手柄，使工件加工面对准铣刀，进行铣削 2）测量时，先停车，退出铣刀后进行	必须在主轴停止的情况下调整转速，防止快速进给失误，造成事故；加工面不得太深，用粉笔做记号，使齿数符合要求。全齿深可根据实际情况分次进给
	（2）滚齿机	1）启动机床润滑油泵，使机床充分润滑，单手按动快速进给按钮，使工件离刀具30~50毫米时停止快速进给 2）启动机床主轴，手动进给，使工件与刀具刚好接触，记下刻度，检查所加工齿数是否符合图样要求 3）快速上升刀架，根据图样要求进给，输送切削液，待切削液畅通后，开始加工 4）测量时必须停车，待工作台停止转动后进行	
5．卸工件		（1）工件加工完成，退出刀具，停下机床 （2）两腿叉开站稳，两手握住扳手，或一手握住扳手，一手扶住工件，将螺栓松开，取下压板、垫铁 （3）小件用手搬下，大件拴好钢丝绳，指挥吊车起吊，在指定地点摆放整齐	
6．交班		（1）将本班加工的切屑清扫干净，认真擦净机床，给各润滑点注油，各手柄置于空挡 （2）把工作场地清扫干净，将本班机床运转情况、安全情况、任务完成情况认真填入交接班记录本	清除切屑应该用铁钩、毛刷等工具，不得用手抓和用口吹

钻床安全作业标准见表2—5。

表2—5　　钻床安全作业标准

操作程序		作业标准	安全要点
1. 准备	(1) 检查	1) 检查机床各手柄是否到位，电气开关是否完好，接地是否可靠 2) 向机床各润滑点按量、按品种注油 3) 开空车运转2~5分钟，观察机床运转是否正常	设备运转正常，作业场所整洁，安全防护装置齐全有效，劳动防护用品穿戴齐全，操作钻床时严禁戴手套；严禁酒后上岗；严禁两人同时使用一个砂轮刃磨刀具，有色金属和非金属件不准在砂轮机上打磨
	(2) 准备	1) 将加工过程中所需要的工具、量具等准备齐全，摆放合理整齐 2) 根据当班所要加工的产品，领用钻头、铰刀等刀具	
	(3) 修磨钻头	1) 检查砂轮是否有裂痕，电气开关是否良好，接地是否牢靠，除尘设施是否有效 2) 右手食指按启动开关，观察砂轮运转是否正常 3) 戴好防护眼镜，进行钻头修磨 4) 两腿叉开，站在砂轮机侧面，两手端平钻头，用力平均，先磨切削刃，然后磨横刃，修磨过程中要经常将钻头浸入水中冷却，磨到刃口时，磨削量要小，停留时间不宜过长 5) 修磨完后，用右手食指关闭开关	
2. 装夹工件	(1) 立钻	1) 双手搬起工件，平稳地放在工作台上。较大的工件用钢丝绳拴好，指挥吊车将工件平稳地放到工作台上 2) 用压板、螺栓将工件定位，校正后，两脚站稳，右手用扳手拧紧螺母，将工件固定	使用角铁或专门夹具装夹工件时，必须将角铁或夹具与活动工作台固定好；在需要使用垫片的地方，垫片数量要尽可能少一些

续表

操作程序		作业标准	安全要点
2. 装夹工件	（2）摇臂钻、液压钻	1）将工件用吊钩钩稳或用钢丝绳拴好，指挥吊车将工件平稳地放到工作台上 2）用压板、螺母将工件定位、校正后，左手扶住工件，两脚成丁字步站稳，右手用扳手紧固螺母，将工件固定。装夹大型工件时，要将工件放到机床底座工作台面上，超出底座部分，需用垫铁或千斤顶垫稳；对超高工件，必须将工件吊入钻坑内，将工件垫平，坑面周围用木板和钢架铺好	
3. 钻削	（1）装夹钻头	1）使用钻套时，要用钥匙将钻套夹紧，钻套要按规格选用，对正主轴孔，双手用力往上推 2）更换钻头时，钻套要用钥匙松开。将钻套和钻头松开时，应先在台面上垫软木，高度距离要适宜 3）用样冲将孔中心样冲眼冲大一些，移动活动工作台或调整摇臂，将钻头对准样冲眼，选择好切削速度和切削用量，先试钻一浅孔，看是否达到同心要求，然后把主轴固定	装钻头、钻套时，不准用锤子敲打，更不准与工作台相撞，防止钻头坠落伤人及损坏台面；钻小件时，不准直接用手拿着钻削，要用手虎钳或其他夹具夹稳再钻削；进行装卸工件及测量工件、变换速度等作业时，必须停车；旋转的钻头下，不能用手触摸切削刃；由于切屑飞溅，头部不要靠近钻头观察工件；不能直接用手拉切屑或用嘴吹；精铰及钻深孔作业时，进刀不可用力过猛
	（2）钻孔	1）钻通孔时，在即将钻通时，必须减小进给量，如果采用的是自动进给，要换成手动进给 2）钻不通孔时，可按要求深度调整好挡块，并通过实际测量，检查所需钻孔深度 3）钻深孔时，孔的深度达到直径的3倍时，钻头必须经常退出排屑	

续表

操作程序		作业标准	安全要点
3. 钻削	（2）钻孔	4）钻孔直径超过30毫米时，要分两次钻削，先用0.5～0.7倍孔径的钻头钻，然后用所需孔径钻头扩孔 5）在钻孔过程中，要根据工件的材质和孔的精度及表面粗糙度的要求，注入充足的切削液。钻出的切屑要用毛刷或铁钩清除	
	（3）扩孔	孔径大于30毫米时，按上述钻孔步骤先进行钻孔。扩孔的切削速度约为钻孔速度的1/2，进给量约为钻孔的1.5～2倍	
	（4）锪孔	1）锪孔速度为钻孔速度的1/3～1/2 2）薄板锪大孔，工件要压紧，下面垫空，将要锪穿时进给要慢。锪钢件时要在锪钻和切削表面加注润滑油	
	（5）铰孔	1）进行铰孔时，机床主轴、铰刀和孔要对中，铰完孔后要先退出铰刀，然后再停车 2）当铰孔精度要求较高时，固定铰刀要求用浮动夹头。铰削时选用适当的切削液	
4. 卸工件		（1）工件加工完毕后，侧身单手切断电源 （2）将活动工作台退出或将摇臂向前推进，将压板螺栓一一松开 （3）小件用双手搬下，放在成品处，摆放平稳整齐 （4）大件用钢丝绳拴好或用吊钩钩稳，指挥吊车吊起，放在成品处，摆放平稳整齐	

续表

操作程序	作业标准	安全要点
5. 交班	（1）钻床工作结束后应将摇臂降到最低位置，立柱锁紧 （2）将钻削出的切屑用铁钩、扫帚等清扫干净，倒入指定地点 （3）用毛巾将机床面上的灰尘、油垢擦洗干净，给机床导轨和滑动面注上机油 （4）将本班设备运转情况、安全情况、任务完成情况等，详细写入交接班记录本，向下一班交代清楚	设备、环境要保持清洁卫生，地面和机床导轨及滑动面不能有切屑及油垢；做到交班认真，接班清楚，不留隐患

第五节 木工机械

一、木工机械工艺及特点

进行木材加工的机械统称为木工机械，是一种借助于锯、刨、车、铣、钻等加工方法，把木材加工成木模、木器及各类机械的机器。木工机械加工原理与金属切削加工基本类似，但由于木材的天然生长特性以及由此而造成的木工机械刀具运动的高速度，在木工机械上发生的工伤事故远远高于金属切削机床，其中平刨床、圆锯机和带锯机是事故发生率较高的几种木工机械。

木工机械的特点是切削速度高，刀轴转速一般都要达到 2 500 ~ 4 000 转/分钟，有时甚至更高，因而转动惯性大，难以制动。木工机械多采用手工送料，切削过程中噪声大、振动大、有些零部件的制造精度相对低。木工机床一般不需要冷却装置，而需要排屑除尘装置。

二、工艺操作安全要求

（1）木工机械上有可能造成伤害的危险部分，必须采取相应的安全措施或设置安全防护装置。

（2）在加工木材过程中，应使用推木棍或安全夹具，严禁操作者用手直接推木料。

（3）木工机械采用非全封闭式结构的电动机时，必须注意防火，或外加防火隔离罩。

（4）凡已腐烂、横向有很长的裂口、内嵌有金属的木材，必须进行必要的处理，才能进行加工。

（5）操作人员在电动机停转后，严禁用手或其他物品强行制动木工机械。

（6）在操作木工机械前，应检查作业区域内，地面要平坦干净，木料要堆放安全、可靠、整齐，人行通道应无障碍物、异物，保证安全通畅。

（7）应检查刀具、锯片是否锋利，有无缺口或裂纹；各传动部件有无损坏，紧固件有无松动，并注入适量的润滑油；安全装置有无异常或损坏，紧固件是否松动，并确认制动器能否在10秒内制动。

（8）木工机械开机后，待机械达到最高转速后方可送料。送料速度应根据木材材质，有无疤节、裂纹和加工厚度进行控制。送料要稳、慢、直，用力要均匀，不可过猛，防止损坏机具，造成伤害。运转时，严禁对机械进行任何调整。

（9）凡测量工件尺寸，检查工件平直状况和光滑程度时，必须停车或将工件从机械取下后进行。

（10）操作时，直线运动部件之间或直线运动部件与静止部件之间必须保证安全距离，否则必须采取安全防护措施。

（11）在操作木工锯机时应注意以下事项：

1）操作人员不得站在锯片正面和切线方向，送料和接料的操作人员应相互配合好，送料不可过猛，接料应压住木料，以防回跳。木料夹锯时，必须立即停车，在锯口插入木楔扩大锯路后再继续操作。

2）疤节过多的木料，长度小于锯片直径的木料，嵌有金属等坚硬异物的木料，严禁上锯床。

3）锯木料接近尾端时，必须用推杆帮助推进，严禁直接用手推进。锯木确需回退时，要特别注意前段锯木中有无木楔，必须将木楔逐个退尽后方可回退。

4）锯片两侧的杂物，必须用木质物品去清除，严禁直接用手或金属物品清除。

（12）在操作木工刨床时应注意以下事项：

1）凡疤节多的材料，长度小于工作台开口宽度6倍的材料，厚10毫米×宽20毫米以下的薄料，禁止在刨床上加工。

2）凡短于50厘米的材料，窄于手掌的材料，厚度小于25毫米的条料，厚度小于20毫米的板料，以及被加工的材料已接近尾端时，如刨床无安全防护装置，必须用推压板推送。

3）厚（高）度小于100毫米的木料不得两根以上同时进行加工，厚（高）度大于100毫米的木料，几根同时进行加工其总宽度不得超过120毫米。

4）当木料的一个面需进行多次加工时，每次加工都应将木料从刨床的前工作台向后工作台推送。严禁将木料从后工作台向前工作台拖回后再进行加工。

5）多面压刨机床只能采用单向开关，不准使用倒顺双向开关。操作时应按顺序开动。

6）送、接料不得戴手套，应站在机床一侧。送料应平直，如有走横或卡住，必须停机调整。遇硬节送料速度应减慢，送料时手必须距离滚筒20厘米以外，接料必须待料走出台面。长度小于前后压辊距离，厚度小于1厘米的材料，不得在压刨机床加工。

（13）在操作木工铣床时应注意：

1）铣削时进刀不能太深，适当掌握工件的进给速度，严防铣刀或工件损坏甩出。

2）用大型铣刀加工工件时，应适当降低主轴转速和工件进给速度。

（14）在操作木工车床时，车工件前，应仔细检查顶尖是否将工件顶稳、顶牢固。刀头伸出部分不得超出刀体厚度的1.5倍，刀具应紧固牢固。车工件走刀时不得过猛。

（15）木工机床运转30分钟左右后，应切断电源，检查主轴轴承是否发热，如温度过高必须停止作业，检查排除故障。

（16）用打眼机打眼时，必须使用夹料器，不得直接用手扶料，如凿芯被木渣挤塞应立即抬起手把。深度超过凿渣口，要勤拔钻头。清凿渣时，禁止用手掏。

(17) 严禁非木工机械操作人员操作木工机械。

(18) 作业完毕，应切断电源，检查各紧固件是否牢靠；各传动部位是否温度过高；电气部件是否过热，接线是否牢固，并应将刨花、木屑清扫到房外安全的地方，严禁将刨花、木屑等杂物堆放在暖气及管道旁，严防其自燃。

(19) 清扫机械内渣屑时，必须切断电源。悬挂警示牌，待机械彻底停稳后再进行清扫，严禁直接用手或脚扒渣屑。

三、木工机械安全作业标准

木工机械安全作业标准见表2—6。

表2—6　木工机械安全作业标准

操作程序	作业标准
1. 作业前的准备工作	(1) 操作人员工作前，要扣紧衣扣和袖口，理好衣角，严禁戴手套作业；留长发的必须戴工作帽，长发不得外露 (2) 操作人员开机前需加润滑的油脂，先试机，待各部机件运转正常后，方可工作 (3) 检查机床各运动部位有无故障和损害设备的其他物件 (4) 检查机床各操作手柄开关是否在规定位置，操作是否灵敏可靠 (5) 检查传动系统、润滑系统、电气装置是否良好，各导轨面是否清洁 (6) 检查设备各部分是否存在漏油现象，并及时处理 (7) 检查各安全、防护装置是否牢靠、有效 (8) 开动机床前，应检查刀具、锯片是否良好，锯片松紧是否适宜，回转的方向是否正确 (9) 先开吸尘器后开车，保证工作区域的环境良好、视线清晰后方可开始操作 (10) 平刨机刨料前应将所刨的木料上的钉子、灰垢和冰雪等杂物清除后，再进行操作 (11) 操作人员在使用手电钻作业前，应检查有无漏电现象，并戴好绝缘手套，穿上胶靴或脚踏在干燥的木板上进行操作 (12) 开机后先空转1~2分钟，不得有振动和异声 (13) 确认一切正常后方可在机床上开始工作

续表

操作程序	作业标准
2. 作业与操作	（1）注意机床各部位工作情况，如有异状，应停车检查，消除异状 （2）机床在开动时不得做任何矫正工作，在调整规格、清扫机床、清洁机件、调整工具时必须停车进行 （3）木工机械上的转动部分，要装设防护罩或防护板；工作中要换刨刀、锯片、钻头或刃具时，必须在停车后进行 （4）机床启动后，身体不得靠近转动部位，操作者应站在安全位置，严禁在设备运转中测量木料尺寸 （5）加工大料时，多人配合，必须指定一人指挥，动作协调一致 （6）装卸木料时注意不能碰坏机床导轨与工作台面 （7）作业中如遇停电，应将电闸关闭，防止来电后机械自行转动造成事故
3. 作业后要求	（1）下班前应将锯末、木屑、刨花等杂物清除干净，并运出场地进行妥善处理 （2）作业完毕后应给机械设备转动部位涂上润滑油，保养好机械设备 （3）作业完后应将所有电动设备的电源断开，检查所有的工具，如发现松动、脱落等现象，应立即修好，以便下次正常工作 （4）作业完后将余料分类放置，不得随意丢弃

第六节 冲　压

一、冲压工艺及特点

冲压机械的工作原理是冲压机械工作时，其机械传动系统（包括飞轮、齿轮、曲轴等）做旋转运动，通过曲柄连杆机构带动滑块做直线往复运动，利用分别安装在滑块和工作台上的模具，使板料分离或产生变形。它是一种无切削加工工艺，广泛用于汽车、航空、电动机、仪器仪表等制造部门。

冲压机械主要包括机械压力机、液压机、弯板机和剪板机等。

冲压加工的特点是速度快、生产效率高、操作工序简单、劳动量大，操作多用人工，易发生误操作，从而造成人身或设备事故。

二、工艺操作安全要求

（1）安装冲模时应注意的安全事项。在冲压机上安装冲模是一项很重要的工作，冲模安装、调整得不好，轻则造成冲压件报废，重则威胁人身和设备的安全。为了确保冲模安装正确，首先要做好下列准备工作：

1）熟悉生产工艺，全面了解该工序所用冲模的结构特点及其使用条件，熟悉制件的结构性能、作用和技术条件，熟悉冲压材料的工艺性能及该工序的工艺要求。

2）检查压力机的制动、离合器及操纵机构是否正常，只有确认压力机的技术状态良好，各项安全措施齐全、完备时，才能按照冲模安装的操作规程进行冲模的安装工作。

3）检查压力机的打料装置，应将其暂时调整到最高位置，以免调整压力机闭合高度时折弯。

4）检查下模顶杆和上模打棒是否符合压力机打料装置的要求（大型压力机则检查气垫装置）。

5）检查压力机和冲模的闭合高度，为防止发生事故，压力机的闭合高度应略大于冲模的闭合高度。

6）将上、下模板及滑块底面的油污擦拭干净，并检查有无遗留物，防止影响正确安装和发生意外事故。

安装冲模时，应切断动力和锁住开关，安装次序是先装上模后装下模。上、下模安装好后，用手扳动飞轮，使滑块走完半个行程，检查上、下模对正的位置是否正确。经检查安装无误后，可空车试冲几次，直至符合要求。将螺杆锁紧并调整好打料装置的位置，安装全部安全装置，并检查、调整和运行。

（2）模具在拆卸时应注意的安全事项。在拆卸模具时，上、下模之间应垫木块，使卸料弹簧处于不受力状态。在滑块上升前，应用锤子敲打上模板，以免滑块上升后模板随其脱下，损坏冲模刀口及发生伤害事故。在拆卸过程中必须切断电源，注意操作安全，以防发生事故。

（3）冲压机械在一般情况下只允许单次行程操作。在以下特殊情况下，才允许连续行程操作：

1）有自动送料装置或机械手操作。

2）采用条料冲压，且手不需要进入上、下模具空间。

3）手动操作，而操作者的手不需要进入上、下模具空间，且在该设备的一次往复行程中能够满足上、下料的要求。

4）具有可靠的安全装置，冲压简单的零件，且在该设备的一次往复行程中能够满足上、下料的要求。

（4）冲压机械在发生下列情况时要停机检查修理：

1）听到设备有不正常的敲击声。

2）在单次行程操作时，发现有连冲现象。

3）坯料卡死在冲模上，或出现废品。

4）照明熄灭。

5）安全防护装置不正常。

（5）在发生下列情况时要停机并把脚踏板移到空挡位置或锁住：

1）暂时离开。

2）发现不正常。

3）由于停电电动机停止运转。

4）清理模具。

（6）使用冲压工序常用的手持工具时应注意的安全事项。在中小型压力机上，如不能采用机械化送料、退料装置，则可手持工具送料、取件，使冲压工的双手完全不进入危险区。

目前常使用的工具按其特点可分为弹性夹钳、专用夹钳（卡钳）、磁性吸盘、真空吸盘和气动夹钳。

为了防止工具被意外压入模具，造成模具和设备损坏，应用适宜的材料（尽量用软金属和非金属材料）制作工具。工具的形状、大小应便于操作者握持，冲压工在使用工具前和使用工具后应对其进行认真检查。

（7）冲压操作人员应遵守的安全操作规程。在冲压设备上进行操作时，操作人员应遵守以下安全操作规程：

1）开始操作前，必须认真检查防护装置是否完好，离合器制动装置是否灵活和安全可靠。应把工作台上的一切不必要的物件清理干净，以防工作时物件被振落到脚踏开关上，造成冲床突然启动而发生事故。

2）冲小工件时，不得用手送料，应该有专用工具，最好安装自动送料装置。

3）操作者对脚踏开关的控制必须小心谨慎，装卸工件时，脚应离开脚踏开关。严禁非工作人员在脚踏开关的周围停留。

4）如果工件卡在模子里，应用专用工具取出，不准用手拿，并应将脚从脚踏开关上移开。

三、冲压安全作业标准

冲压安全作业标准见表2—7。

表2—7　　冲压安全作业标准

操作程序	作业标准	安全要点
1. 上岗检查	（1）必须按规定穿戴好劳动保护用品，衣袖、袖套应完好有效，长发全部塞入工作帽 （2）开动设备前仔细检查冲床的操作系统、离合器和制动器是否处于可靠、有效的状态，操纵部件的弹簧有无失效或断裂现象，安全装置是否完好，发现异常立即采取必要的修理、更换措施，严格禁止设备带病作业 （3）检查曲柄滑块机构各部件有无异常，冲压装置是否正常，冲头有无裂痕、凹痕和伤痕 （4）正式作业前必须空转试车，确认各部件正常后方可工作	严格遵守劳动保护用品穿戴制度，做好开机前的检查准备工作

续表

操作程序	作业标准	安全要点
2. 冲压作业	（1）清理工作台上一切不必要的物品，防止开车振落击伤设备，或撞击开关引起设备突然启动。毛坯、成品及必需的工具要放在合适位置。操作者座位要稳固、牢靠 （2）开动冲床后要在飞轮转到满速后方可接合离合器进行冲压工作 （3）送、取料时必须使用合适的专用工具（工具应尽量采用软质、有弹性的材料制作，严禁采用脆性材料制作）。严禁用手直接伸进危险区取料，禁止头、手伸进上、下模中 （4）如果模具卡住坯料时，要关闭电源，把滑块停在安全位置，经确认安全可靠后方能直接去排除 （5）每冲完一个工件时，手或脚必须离开按钮和脚踏开关，以防止误操作。安全防护装置在工作中要自始至终地使用	冲床是一种压力机械，由于频繁的简单劳动，操作者极易疲劳，因此操作者必须集中精力，严防发生误操作；严禁违反操作规程、作业标准
3. 维护检修	（1）在操作中发现机器运转声音不正常、有异常响声、发生连冲、操纵不灵或发生电气故障，要立即停机检修，待恢复正常后方能继续操作 （2）在冲床运转过程中，严禁检查和修理转动部件，修理和清理模具时，必须停机，并切断电源，待飞轮完全停止运转，确认安全可靠后方能进行 （3）多人操作同一台机床时，应由专人统一指挥，听准信号，并作出答复再动作 （4）严禁在设备未停止的情况下调整模具 （5）突然停电或操作完毕后应关掉电源，并将操作系统恢复到离合器空挡制动状态 （6）安装模具时，必须使滑块处于下死点，封闭高度必须正确，经确认安全可靠，方能安装 （7）在拆卸模具过程中，应切断电源，松开滑块上的压紧螺母后，一定要注意防止螺母突然松脱，滑块落下压坏冲模或发生意外事故	不停机不得进行设备检修、不得调整模具；必须严格按照作业标准进行检修；发生弹簧断裂、变形时应及时更换

剪板机安全作业标准见表2—8。

表2—8　　剪板机安全作业标准

操作程序	作业标准	安全要点
1. 上岗检查	（1）工作前必须按规定穿戴好劳动保护用品，如扎紧袖口、长发全部塞入工作帽 （2）开车前必须仔细检查剪板机的操作系统、离合器、制动器是否处于可靠、有效状态，安全装置是否完好可靠。发现异常立即采取必要措施，严禁设备带病运行 （3）开车前应将离合器分离，电动机不得带负荷启动，正式作业前必须空转试车，检查拉杆有无失灵现象，各处螺钉有无松动。确认各部件正常后方可正式操作	必须严格执行劳保用品穿戴制度；认真做好开机前的检查工作，严禁设备带病运行
2. 剪切操作	（1）送料时要集中精力，特别注意保证手指安全，特别是一张板料剪到末端时不要用手指托板料送入刀口。严禁两人同时在同一剪床上剪切两种板料 （2）严禁使用剪床加工超长、超厚工件，不得使用剪床剪切经淬火的材料，如高速钢、合金钢、工具钢、铸铁等脆性材料 （3）刀片和刀口必须锐利，切薄板时刀片必须紧密贴合，上、下刀片要保持平行，刀片间隙不得大于板料厚度的1/30 （4）在操作过程中，工件未校准前不准踩踏板，不准拉动气钩，任何时间、任何情况下都不允许将头、手置于刀口之下 （5）在操作过程中，若有异常响声、连剪、操纵不灵，或发生电气故障时，必须立即停机检查、检修，待恢复正常后方可继续操作	集中精力，任何时间、任何情况下都不允许将头、手置于刀口之下；严格按作业标准的规定操作，严禁违章操作

续表

操作程序	作业标准	安全要点
3．维护检修	（1）在机器运转过程中，严禁对转动部件检查和修理，修理和清理时，必须停机并切断电源，方可进行 （2）工作台上不得放置其他物品以及与工作无关的杂物，调整和清扫设备必须停机进行 （3）突然停电或操作完毕后立即关掉电源开关，并将操纵器恢复到离合器空挡状态、制动器制动状态 （4）如遇车间、班组无法排除的故障，应就设备问题与设备管理部门联系，力争尽快解决	严禁不停机对设备进行检查、修理；工作台上不得放置其他物品

第七节　焊　　接

一、焊接工艺及特点

焊接是通过加热、加压、填充金属等手段，使两个或多个工件产生原子间接合以实现永久性连接的加工工艺和连接方式。焊接工艺既可用于金属，也可用于非金属。焊接广泛用于船舶、锅炉、车辆、建筑、化工、冶金、矿山、机械、石油和国防工业等生产部门。

焊接方法有几十种，一般可归纳为以下三大类：

1．熔化焊

利用某种热源将焊件的连接处加热到熔化状态并加入填充金属，然后在自由状态下冷凝结晶，使之焊合在一起。气焊、电弧焊、电渣焊等均属此类。

2．压力焊

对焊件施加一定的压力，使接合面相互紧密接触并产生一定的塑性变形，以使焊件接合在一起。压力焊有加热与不加热之分，加热者如接触焊（又名电阻焊）、锻焊、摩擦焊等，不加热者如冷压焊等。

3. 钎焊

将熔点低于焊件的焊料合金（称钎料）放在焊件的接合处，与焊件一起加热至钎料熔化并渗透填充到连接的缝隙中，通过熔化的钎料润湿未熔化的焊件表面并与母材相互扩散，从而使焊件凝结在一起。

二、工艺操作安全要求

1. 焊炬和割炬使用时要注意的安全事项

焊炬又名焊枪，它的作用是将可燃气体与氧气混合，形成具有一定能量的焊接火焰。割炬又名割刀、切割器，其作用是使氧气与乙炔按比例混合，形成预热火焰，将高压纯氧喷射到被切割的工件上，形成割缝。

在使用焊炬和割炬前，要注意下述安全事项：

（1）按照工件厚薄，选用一定大小的焊炬、割炬。然后按焊炬、割炬的喷嘴大小，确定氧气和乙炔的压力和气流量。

（2）喷嘴与金属板不能相碰。

（3）喷嘴堵塞时，应将喷嘴拆下，用捅针从内向外捅开。

（4）注意垫圈和各环节的阀门等是否漏气。

（5）使用前应将皮管内的空气排除，然后分别开启氧气和乙炔阀门，畅通后才能点火试焊。

（6）焊炬、割炬的各部分不得沾污油脂。

（7）如焊炬、割炬喷嘴的温度超过了400摄氏度，应用水冷却。

（8）点火时应先开启乙炔阀门，点着后再开启氧气阀门。这样做的目的在于放出乙炔—空气的混合气，便于点火和检查乙炔是否畅通。

（9）乙炔阀门和氧气阀门如有漏气现象，应及时修理。

（10）使用前，在乙炔管道上应装置岗位回火防止器。

（11）离开工作岗位时，禁止把燃着的焊炬放在操作台上。

（12）交接班或停止焊接时，应关闭氧气和回火防止器阀门。

（13）皮管要专用，乙炔管和氧气管不能对调使用。皮管要有标记以便区别，乙炔皮管是绿色，氧气皮管耐压强度高，一般都是红色的。

（14）发现皮管冻结时，应用温水或蒸汽解冻，禁止用火烤，更不允许用氧气去吹乙炔管道。

（15）氧气、乙炔用的皮管不要随便乱放，管口不要贴住地面，以免进入泥土和杂质发生堵塞。

2. 如何防止在焊割作业中发生回火现象

所谓回火，是指可燃混合气体在焊炬、割炬内燃烧，并以很快的燃烧速度向可燃气体导管里蔓延扩散的一种现象，其结果可以引起气焊和气割设备燃烧、爆炸。

防止回火的主要原理是利用中介将倒回的火焰和可燃气体隔开，使火焰不能进一步蔓延。为防止回火，在操作过程中应做到：焊（割）炬不要过分接近熔融金属，焊（割）嘴不能过热，焊（割）嘴不能被金属溶渣等杂物堵塞，焊（割）炬阀门必须严密，以防氧气倒回乙炔管道，乙炔发生器阀门不能开得太小；如果发生回火，要立即关闭乙炔发生器和氧气阀门，并将胶管从乙炔发生器或乙炔气瓶上拔下；如乙炔气瓶内部已燃烧（白漆皮变黄、起泡），要用自来水冲浇，以降温灭火。

3. 对旧容器进行焊补时要遵守的安全事项

焊补储存过汽油、煤油、松香、烧碱、硫黄、甲苯、香蕉水、酒精等物的容器，以及冻结或封闭的管段或停用很久的乙炔发生器桶体等，必须根据具体情况，严格遵守下列 7 点安全事项：

（1）被焊物必须经过反复清洗。

（2）将被焊物所有的孔盖打开。

（3）乙炔管道、回火防止器如果安装在坑道里面、加盖的明沟下或者地坑的井沟内，由于这些部位都有滞留乙炔—空气混合气的可能性，所以在动火作业前，一定要切断气源，探明有无易燃、易爆混合气存在。作业中还必须考虑到操作工人的行动有无障碍，且必须有人监护。当班动火未能完工，下一班或次日再动火时，必须从头重新探明，并采取安全措施。

（4）探查有无易爆混合气存在时，先用长棒头点上火焰试一下，试火人员应警惕和隐蔽，确定无危险时，再开始焊补。

（5）操作人员严禁站在动火容器的两端。

（6）焊补完毕，在容器温度很高的情况下，不能马虎大意，如果急着把易燃物装进去，就有着火爆炸的危险。

（7）为了保证安全，可以把被焊容器灌满水或充满氮气后点火焊补。

4. 气焊过程中发生事故时应采取的紧急措施

气焊过程中发生事故时应采取如下紧急措施：

（1）当焊炬、割炬的混合室内发出嗡嗡声时，立即关闭焊炬、割炬上的乙炔—氧气阀门，稍停后，开启氧气阀门，将混合室（枪内）的烟灰吹掉，恢复正常后再使用。

（2）乙炔皮管爆炸燃烧时，应立即关闭乙炔气瓶或乙炔发生器的总阀门或回火防止器上的输出阀门，切断乙炔的供给。

（3）乙炔气瓶的减压器爆炸燃烧时，应立即关闭乙炔气瓶的总阀门。

（4）氧气皮管燃烧爆炸时，应立即关紧氧气瓶总阀门，同时，把氧气皮管从氧气减压器上取下。

（5）换电石时，发气室若发生着火爆炸事故，应采取如下处理方法：

中压乙炔发生器的发气室着火，应立即用二氧化碳灭火器灭火，或者将加料口盖紧以隔绝空气，这样火焰就会熄灭。

横向加料式乙炔发生器的发气室着火爆炸且把加料口对面或上方的卸压膜冲破时，最好用二氧化碳灭火器灭火。如不具备这种条件，则要尽量使电石与水脱离接触，以停止产气或把电石篮取出，使电石尽快脱离发气室，这样火焰很快就能熄灭。

（6）加料时在发气室中发生的着火爆炸事故，常常是由于电石含磷过多遇水着火或者因电石篮碰撞等产生的火花引起的。

事故发生后应立即使电石与水脱离接触以停止产气。如果发气室已与大气连通，最好用二氧化碳灭火器灭火，然后再打开加料口压盖取出电石篮。无此类灭火器材又无法隔绝空气时，要等火熄灭或者火苗很小时，操作人员站在加料口的侧面慢慢地松动加料口压盖螺钉，随后再设法把电石篮取出。

（7）当发现发气室的温度过高时，应立即使电石与水脱离接触以停止产气，并采取必要的措施使温度降下来，等温度降下来后才能打开加料口压盖，否则，空气从加料口进入遇高温就会发生燃烧爆炸事故。

（8）如枪嘴堵塞又忘记关闭乙炔—氧气阀门，或因其他缘故使氧气倒入乙炔皮管和发生器内时，都应立即关闭氧气阀门，并设法把乙炔皮管和乙炔发生器内的乙炔—氧气混合气体放净，然后才能点火，否则，会发生爆炸事故。

（9）浮桶式乙炔发生器，如因浮桶漏气等原因在漏气处着火时，严禁拔浮桶，也不要堵漏气处，一般的处理办法是将浮桶蹬倒。

5. 使用乙炔发生器要遵守的安全规程

（1）操作人员必须经过培训，熟练地掌握乙炔发生器设备的操作规程、安全技术规程和防火知识，并经考试合格，取得安全操作合格证后，方可独立操作。

（2）禁止在超负荷或超过最高工作压力和供水不足的条件下使用乙炔发生器。

（3）乙炔发生器的安放位置与明火、散发火花点以及高压电源线的距离应保持在 5 米以上。

（4）乙炔发生器和回火防止器在冬季使用时，如发生冻结，只允许用热水或蒸汽加热解冻，禁止用明火或者用烧红的烙铁加热，更不准用容易产生火花的金属物体敲击。

（5）乙炔着火，宜采用干黄沙、二氧化碳灭火器或干粉灭火器灭火，禁止用水、泡沫灭火器或四氯化碳灭火剂灭火。

（6）接于乙炔管路的焊（割）枪或一台乙炔发生器要配置两

把以上焊（割）枪使用时，每把焊（割）枪都必须配置一个岗位回火防止器，禁止共同使用一个岗位回火防止器。使用时要检查，保证安全可靠。

（7）使用乙炔气时，当管路中压力下降到过低时，应及时关闭焊（割）炬，严禁用氧气抽吸乙炔气，以免造成负压导致乙炔发生器发生爆炸事故。

（8）乙炔发生器所使用的电石尺寸应符合标准，严禁将尺寸小于2毫米及大于80毫米的电石装入料斗。排水式（移动式）乙炔发生器使用电石尺寸应为25～80毫米；滴水式乙炔发生器和大型投入式乙炔发生器使用的电石尺寸应为8～80毫米。

（9）乙炔发生器每次装电石后，使用前应将发生器内留存的混合气体（乙炔与空气）排出，使用时，装足规定的水量，及时排出发气室积存的灰渣。

6. 乙炔气瓶在使用、运输和储存过程中应注意的安全事项

乙炔气瓶在使用、运输和储存过程中应注意以下安全事项：

（1）乙炔气瓶在使用时应防止瓶内的活性炭下沉，禁止敲击、碰撞和剧烈振动。另外，要防止受高温影响，防止漏气，防止丙酮渗漏，防止接触有害杂质等。

（2）乙炔气瓶在运输时应严禁拖动、滚动，用小车运送时，要做到轻装轻卸。乙炔气瓶必须直放装车，严禁横向装运，并严禁暴晒、遇明火，禁止和互相抵触的物质混放。还要严禁与氧气瓶、氯气瓶等以及可燃、易燃物品同车运输。

（3）乙炔气瓶不准储存在地下室或半地下室等比较密闭的场所，不准与氧气瓶、氯气瓶等同库储存。储存量不得超过5瓶，超过5瓶时，应采用不燃材料或难燃材料将其隔成单独的储存间；超过20瓶时，应建造乙炔气瓶仓库，在仓库的醒目地方应设置警示标志。

7. 氧气瓶使用时应注意的安全事项

（1）不得与其他气瓶混放，不准将氧气瓶内的气体全部用光。在高温天气要防止暴晒，防止用明火烘烤。氧气瓶与焊枪、割枪、炉子等之间的距离不应小于5米，与暖气管、暖气片应保持不小于1米的安全距离。氧气瓶不准沾染油脂，在使用时可垂直或卧放，但均要扣牢。氧气瓶使用后要关紧阀门，拆下氧气减压表，严防氧气用完后既没有关闭阀门，又未拆下减压表而造成乙炔倒灌进入氧气瓶内。

（2）氧气瓶的阀门严禁加润滑油，严禁用户私自调换防爆片，运输、储存中必须戴安全帽，并定期检查。

（3）安装氧气减压器之前，要略打开氧气瓶阀门吹除污物，氧气瓶阀喷嘴不能朝向人体方向。在开启氧气瓶阀门前，先要检查调节螺钉是否松开，对于满瓶的氧气瓶阀门不能开得太大，以防止氧气进入高压室时产生压缩热，引燃阀内的胶垫圈。减压器与氧气瓶阀处的接头螺钉要旋合6牙以上，并用扳手紧固。氧气减压器外表涂蓝色，乙炔减压器外表涂白色，两种减压器严禁换用。减压器内外均不准沾有油脂，调节螺钉不准加润滑油。

8. 电弧焊作业过程中应注意的安全事项

为防止电弧焊作业过程中发生伤害事故，应注意以下几点：

（1）为了防止发生触电事故，电弧焊所用的工具必须安全绝缘，所用设备必须有良好的接地装置，工人应穿绝缘胶鞋，戴绝缘手套。如要照明，应该使用36伏的安全照明灯。

（2）为了防止焊接过程中发生火灾，电弧焊现场附近不能有易燃、易爆物品，如电弧焊和气焊在同一地点使用，则电弧焊设备和气焊设备、电缆和气焊胶管都应分开放置，相互间最好有5米以上的安全距离。

（3）为了防止电弧焊作业中的辐射伤人，操作工人都必须戴防护面罩、穿防护衣服。

（4）电焊机空载电压应为60～90伏。

（5）电弧焊设备应使用带电保险的电源刀闸，并应装在密闭箱中。

（6）电焊机使用前必须仔细检查其一次、二次导线绝缘是否完整，接线是否良好。

（7）焊接设备与电源网络接通后，人体不应接触带电部分。

（8）在室内或露天现场施焊时，必须在周围设挡光屏，以防弧光伤害工作人员的眼睛。

（9）焊工必须配备有合适滤光板的面罩、干燥的帆布工作服、手套、橡胶绝缘和白光焊接防护眼镜等安全用具。

（10）焊接绝缘软线的长度不得小于 5 米，施焊时软线不得搭在身上，地线不得踩在脚下。

（11）严禁在起吊部件的过程中边吊边焊。

（12）施焊完毕应及时拉开电源刀闸。

9．高处或室内焊、割作业时的安全要求

（1）登高焊、割的安全要求。高空焊、割时除必须严格遵守登高作业劳动保护规程和注意人身安全外，还必须防止火花落下或飞散，风力很大时应停止高空作业。如果高空焊、割作业下方有易燃、可燃物时，应移开或者用水喷淋。如有可燃气体管道，应用湿麻袋、石棉板等隔热材料覆盖。禁止用盛装过易燃、易爆物质的容器作为登高垫脚物。焊接设备应远离动火点，并由专人看管。如在楼上作业，应防止火星沿一些孔洞和裂缝落到下面，落下的熔热金属要妥善处理。电焊机与高处焊补作业点的距离要大于 10 米，电焊机应由专人看管，以备紧急时立即拉闸断电。

（2）室内焊、割的安全要求。在密室内作业时，必须将作业场所的内外情况调查清楚，乙炔发生器、氧气瓶、电焊机均不准放在动火焊、割的室内。进行焊、割作业时，作业场所必须干燥，要严格检查绝缘防护装备是否符合安全要求，并禁止把氧气通入室内用于调节作业场所的空气。凡在易燃、易爆车间动火焊补，或者采用带压不置换动火法，或在容器管道裂缝大、气体泄漏量大的室内焊补时，必须分析动火点周围不同部位滞留的可燃物含量，确保安全可靠时才能施焊。在焊接时，应打开门窗自然通风，必要时采用机械通风，以降低可燃气体的浓度，防止形成可燃性混合气体。

10. 焊工应遵守的“十不焊、割”规定

（1）焊工未经安全技术培训考试合格，领取操作资格证，不能焊、割。

（2）在重点要害部门和重要场所未采取措施，未经单位有关领导、车间、安全、保卫部门批准和办理动火证手续，不能焊、割。

（3）在容器内工作，没有12伏低压照明、通风不良及无人在场监护，不能焊、割。

（4）未经领导同意，对车间、部门擅自拿来的物件，在不了解其使用情况和构造的情况下，不能焊、割。

（5）盛装过易燃、易爆气体（固体）的容器管道，未经碱水等彻底清洗和处理消除火灾爆炸危险的，不能焊、割。

（6）用可燃材料充做保温层或隔热、隔音设备，未采取切实可靠的安全措施，不能焊、割。

（7）有压力的管道或密闭容器，如空气压缩机、高压气瓶、高压管道、带气锅炉等，不能焊、割。

（8）焊接场所附近有易燃物品，未清除或未采取安全措施，不能焊、割。

（9）在禁火区内（防爆车间、危险品仓库附近）未采取严格隔离等安全措施，不能焊、割。

（10）在一定距离内，有与焊、割明火操作相抵触的工种（如汽油擦洗、喷漆、灌装汽油等工种，这些工种作业时会排出大量易燃气体），不能焊、割。

11. 焊接作业的个人防护措施

焊接作业的个人防护措施主要是对头、面、眼睛、耳、呼吸道、手、身躯等方面的人身防护，主要有防尘、防毒、防噪声、防高温辐射、防放射性辐射、防机械外伤和脏污等。从事焊接作业时，操作人员除应穿戴一般防护用品（如工作服、手套、眼镜、口罩等）外，针对特殊作业场合，还应佩戴空气呼吸器（用于密闭容器和不易解决通风的特殊作业场所的焊接作业），防止烟尘危害。

对于剧毒场所紧急情况下的抢修焊接作业，应佩戴隔绝式氧气呼吸器，防止急性中毒事故的发生。

为保护焊工眼睛不受弧光伤害，焊接时必须使用镶有特别防护镜片的面罩，并按照焊接电流强度的不同选用不同型号的滤光镜片。同时，也要考虑焊工视力情况和焊接作业环境的亮度。

为防止焊工的皮肤受电弧的伤害，焊工宜穿浅色或白色帆布工作服。同时，工作服袖口应扎紧，扣好领口，皮肤不要外露。

对于焊接辅助工和焊接地点附近的其他工作人员，工作时要注意相互配合，辅助工要戴颜色深浅适中的滤光镜。在多人作业或交叉作业场所从事电焊作业，要采取保护措施，设防护遮板，以防止电弧光刺伤焊工及其他作业人员的眼睛。

此外，接触钍钨棒后应以流动水和肥皂洗手，并注意经常清洗工作服及手套等，戴隔音耳罩或防音耳塞，防止噪声危害，这些都是有效的个人防护措施。

12. 焊、割工作完成后应进行的安全工作

焊、割作业中的火灾爆炸事故，有些往往发生在工程的结尾阶段，或在焊、割作业结束后。因此，应做好焊、割后的安全工作。

（1）坚持工程后期阶段的防火防爆措施。在焊、割作业已经结束，安全设施已经撤离后，若发现某一部位还需要进行一些微小工作量的焊、割作业时，绝不能麻痹大意，要坚持焊、割工作安全措施不落实，绝不动火焊、割。

（2）对各种设备、容器进行焊接后，要及时检查焊接质量是否达到要求，对漏焊、假焊等缺陷应立即修补好。

（3）焊、割作业结束后，必须及时彻底清理现场，清除遗留下来的火种，关闭电源、气源，把焊炬、割炬安放在安全的地方。

（4）焊、割作业场所往往会留下不容易被发现的火种，因此，除了作业后要进行认真检查外，下班时要主动向保卫人员或下一班人员交代，以便加强巡逻检查。

（5）焊工所穿的衣服下班后也要彻底检查，看是否有阴燃的情况，有一些火灾往往是由焊工穿过的衣服挂在更衣室内，经几小时阴燃后引起的。

三、焊接安全作业标准

电焊安全作业标准见表2—9。

表2—9　电焊安全作业标准

操作程序		作业标准	安全要点
1．准备	（1）检查	1）电气开关良好，电源线无破损 2）电焊机无缺损，接地接零良好可靠 3）电焊钳把线良好无破损 4）施工场地无易燃易爆物品	设备正常，作业场地整洁，劳动防护用品穿戴齐全，以防火灾、爆炸事故发生
	（2）准备	1）将被焊件平稳放在工作台和垫板上，放置地面应选干燥地面 2）大件应指挥天车吊放在平稳地方 3）接好地线，拉好钳把线，给电焊机供电，调整使用电流	
2．焊接	（1）焊接姿势	1）根据焊件高低、大小，采取立式、蹲式或半蹲式 2）一般右手握钳把，左手拿面罩	严格遵守安全操作规程，以防触电、烫伤、高空坠物、物体打伤，预防事故发生
	（2）平焊	采取立式、蹲式或坐在绝缘椅上的姿势，焊条前后成90度角，向右成80度角，由左向右焊接	
	（3）立焊	蹲在焊缝中心位置，焊条左右成90度角，向下成80度角，由下向上焊接，焊高到0.5米以上，半蹲或站立在焊缝左侧	
	（4）横焊	根据焊缝高低，采取蹲式、半蹲式或立式的姿势，焊条向右成75度角，向下成80度角，由左向右焊接	

续表

操作程序		作业标准	安全要点
2. 焊接	(5) 仰焊	根据焊缝高低，采取卧式、蹲式、半蹲式或立式，身体和面部躲开焊缝，焊条左右成 90 度角，向前成 70 ~ 80 度角，由后向前焊接	
	(6) 高空焊接	站位牢固，扎好安全带，头戴面罩，右手握把钳，左手抓住固定物。焊接方法根据位置选取，并遵照前述焊法	
	(7) 容器内焊接	1) 焊接者脚下垫绝缘物，外面由一人监护，传送物件，焊接方法根据位置选取，并遵照前面各种动作标准 2) 焊接时通风设备要良好（应有送风和引风装置）。需要照明时，用 12 伏以下的安全行灯	
	(8) 大件焊接	1) 照顾四周，保证自身安全 2) 圆筒件放在滚架上焊接，操作者应站在梯子上焊接，要有人扶持，焊好附近部分，人下来，去掉梯子，滚动滚架停稳后，重复焊接，多人同时焊接，应采用隔光板	
3. 焊接处理	(1) 检查质量	放好焊钳，戴上平光眼镜，右手拿锤，清理药皮，检查焊接质量	
	(2) 补焊	检查出不合格处，需要补焊的，根据位置选取焊接方法，遵照前述各焊接方法动作标准进行补焊	
4. 焊接结束	(1) 关闭电源	侧身单手拉下电焊机电源开关，将二次线盘好并放在固定地方	
	(2) 清理现场	将焊好的小件搬到指定位置摆放整齐、平稳，打扫现场，熄灭火种	

气焊（气割）安全作业标准见表2—10。

表2—10　　气焊（气割）安全作业标准

操作程序		作业标准	安全要点
1. 准备	（1）检查	1）检查劳动防护用品是否穿戴正确 2）检查工具、用具是否摆放整齐 3）检查岗位有无隐患、个人有无违章及预防措施的落实情况	劳动防护用品要正确穿戴，岗位无隐患，员工无违章；严禁沾染油类，压力表必须灵敏可靠；严禁卧放使用乙炔瓶。乙炔瓶着火时，禁止使用四氯化碳灭火器灭火；乙炔瓶与明火距离一般不少于10米，与氧气瓶的距离在5米以上，严禁用火烘烤；不能将瓶内的氧气用尽，应留有0.1~0.2兆帕表压的余压，气瓶上严禁沾染油脂，也不允许戴油手套或使用带油手去搬运氧气瓶；氧气瓶应距明火10米以上，不能将瓶放在阳光下暴晒；氧气表必须灵敏、可靠；氧气胶管与乙炔胶管不允许互相交换使用，胶管禁止接触油、酸、碱。割炬各气体通道，均不得沾染油脂，不得漏气
	（2）乙炔瓶	1）工作前必须对乙炔瓶、减压阀、橡胶软管、焊割嘴进行检查，看其是否被油类污染，压力表是否在校检期内使用，确认安全无误后，方可操作 2）使用时，乙炔瓶向上立放，严禁卧放使用 3）使用乙炔瓶时，必须装有减压阀和回火防止器。开启时，操作者应站在阀门的侧后方，动作要轻缓，不要超过一半，一般情况只开启3/4转，使表压力为0.02~0.05兆帕。当气瓶压力低于0.1兆帕时，应停止工作 4）严禁铜、银、汞等及其制品与乙炔接触，必须使用铜银合金器具时，合金含铜量应低于70% 5）乙炔瓶在运输过程中，应尽量避免振动或互相碰撞，不准与可燃气体、油料以及其他可燃物放在一起运输 6）乙炔瓶不得靠近热源和电气设备，防止暴晒，与明火距离一般不少于10米。严禁用火烘烤	

续表

操作程序		作业标准	安全要点
1. 准备	(3) 氧气瓶	1）氧气瓶用小架子车推到工作地点，将其平放在地上或直立放在专用瓶架上，安置稳妥 2）安装减压表前，人要站在或蹲在氧气瓶嘴一侧，头偏开，一手扶住氧气瓶，一手打开氧气阀，无手轮的用扳手扳开，放气少许，吹尽瓶嘴上的尘污水分等杂物，再关上氧气阀 3）站着或者蹲着，头偏开，两手将氧气表装在气瓶嘴上并拧紧，拧的紧度要适中，无漏气，然后装上减压表，将氧气管卡头一一接好，再将氧气阀门打开，观察压力表是否正常，正常时方能进行工作 4）在搬运过程中，应尽量避免振动或互相碰撞，不能与可燃气体、油料以及其他可燃物放在一起运输，不能把氧气瓶放在地上滚动，禁止用吊车吊运氧气瓶，冬季里氧气瓶冻结，应用浸过热水的湿毛巾或热水袋盖上，使其解冻，严禁用明火直接加热 5）用汽车拉来的氧气瓶（饱瓶）必须放在氧气房内摆放整齐，并加以固定，不能放置在太阳光暴晒的地方	
	(4) 氧气表	1）装表前一定要将调节螺钉拧到放松位置 2）氧气表装上以后要用扳手拧紧，氧气表要拧紧转至容易看见的地方，保持正常位置，压力表上的丁字形螺钉顺时针慢慢旋松到符合焊接压力时为止 3）停止使用时，将丁字形调节螺钉旋松，并把氧气表里的氧气放净，氧气表不能污染上油脂	

续表

操作程序		作业标准	安全要点
1. 准备	（5）胶管	1）对皮管进行检查，无漏气、无破损 2）将氧气胶管接在氧气表上，乙炔胶管接在回火防止器出气管上，一端接到焊（割）炬上	
	（6）焊（割）炬	1）检查接头螺钉、顶柱、焊（割）嘴是否松动，焊（割）嘴是否有堵塞现象 2）用手握住焊（割）炬，一手拔下乙炔气胶管，将头折回握住。用手指或嘴唇贴在乙炔气进口上，如有吸力，说明情况正常好用。再将胶管接上，如无吸力或向外吹动，说明焊（割）炬有问题而不能使用，必须对其进行修理	
2. 焊接	（1）点火	1）穿戴好劳保用品和有色眼镜，右手握住焊（割）枪把，先打开氧气开关吹一下，左手打开乙炔气阀门，用右手食指稍微动一下氧气混合阀门，用点燃的火柴在焊（割）嘴侧面点燃焊割枪 2）用左手逐渐开大氧气混合阀门，调整火焰，达到焊接、切割时所需用火焰标准	穿戴好劳保用品，护目镜，注意防止点火时烧伤手，氧气瓶、乙炔瓶要距明火10米以上；经常检查乙炔瓶是否处于正常状态；禁止有心脏病、高血压以及酗酒的人员登高和进入密闭容器内作业；气焊（割）工作须专人负责操作、维护保养，实行定期检查，非专业人员严禁使用
	（2）平焊	将被焊物平稳地摆放在平地上或工作台上，蹲或坐在工作台前的凳子上，右手拿焊枪，左手拿焊条，沿焊缝中心线自右向左施焊或自左向右施焊，选用正确的焊接顺序	

续表

操作程序		作业标准	安全要点
2. 焊接	(3) 立（横）焊	1）焊接动作跟平焊相同，根据焊件高低，采取蹲式或站立姿势 2）在立焊时为了保证焊缝的宽度，焊枪宜做左右月牙式的来回摆动 3）横焊时，应注意上下熔化情况，等其熔化后再送焊丝，以保证焊透	
	(4) 仰焊	1）焊接动作与平焊相同，根据焊缝所处位置的高低，采取卧式、蹲式、半蹲式或站立的姿势，头部和身体侧离焊缝，避免熔渣掉下烫伤 2）焊接仰焊缝时，为防止铁液下流，必须用火焰焰口顶住熔化金属	
	(5) 高空焊接	1）焊接动作和平焊相同，站在脚手架或站在梯子上焊接时，梯子底下应有防滑装置，脚手架和梯子立靠应牢固或有人把持 2）在高空焊接时要拴好安全带，氧气瓶、乙炔瓶要躲开火花迸下位置或用隔热材料盖上 3）在立体作业（即高处与地面同时有人工作）时，下面的工作人员必须戴好安全帽，作业现场周围应设警戒，禁止闲人入内	
	(6) 注意事项	1）在密闭容器内工作时，除了要遵守气焊安全操作事项外，还要注意通风良好，工作时间不能太长，照明电灯应采用安全电压，且工作时的人员要有两人以上	

续表

操作程序		作业标准	安全要点
2. 焊接	(6) 注意事项	2）在焊接过程中，如遇焊枪发生回火，应立即关闭氧气和乙炔开关，稍微等一下后或将焊嘴放在冷水里冷却一下，或用通气针通一下，开氧气吹一下，然后再重新点火 3）在焊接过程中，要经常检查氧气瓶的压力和乙炔瓶的工作情况，如需要更换氧气瓶或乙炔瓶时，按1.(2)或1.(3)的动作操作。氧气瓶的氧气不能全部用尽，应留有表压为0.1~0.2兆帕的余压 4）乙炔瓶和氧气瓶距离应在5米以上，乙炔瓶、氧气瓶与作业点距离应在10米以上	
3. 切割	(1) 点火	同2.(1) 动作标准程序操作	穿戴好劳保用品及护目镜；切割工具应保持清洁，不得沾油、漏气，不能在水泥地上进行切割。需仰割时，应在耳朵内塞上棉花团及戴上披风帽，防止火星溅入耳道内而造成灼伤；防止回火造成人身设备事故
	(2) 切割	1）根据切割物的大小、高低，蹲下、半蹲或站立在侧面，将割枪对准切割线，右手握紧割把，左手慢慢打开高压氧气阀门，逐渐调整火焰，待被切割工件被烤成暗红色时，逐渐加大高压氧气阀门，然后进行切割 2）切割水冒口、钢锭和较大的圆钢时，火焰喷出的方向应躲开氧气瓶、乙炔瓶及其他作业人员和人行通道。切割倾斜和较大工件时人要站在或半蹲在上面或侧面进行切割 3）切割密闭管筒件或装过易燃、易爆物品的容器时，应预先进行清洗处理后才能切割。在容器内工作时，要有良好的通风环境。对容器处理切割时，要预先检查有无爆炸和中毒危险 4）高空切割遵照2.(5) 动作标准程序操作，工具应放在工具袋内	

续表

操作程序		作业标准	安全要点
3. 切割	(3) 注意事项	1）操作时，火嘴与工件要保持一定距离，防止直接碰在工件上。火嘴过热和有阻塞现象时，调节火焰不可过快过猛。需要加大火焰能率时，应逐渐放大 2）遵照2.（6）动作标准程序操作	
4. 半自动切割		(1) 用手将电源插头（220伏交流电）与控制板上的插座连接好，导通电源，此时指示灯亮 (2) 分别将氧气胶管和乙炔胶管接到气体分配器上，并调节好氧气和乙炔的使用压力，进行供气 (3) 直接切割时，应将导轨放在需要切割的工件平面上（钢板），然后将切割机轻放在轨道上，使有割炬的一侧向着操作者，并校正好导轨、割炬与切割缝之间的距离以及调整好割炬的垂直度 (4) 根据所割工件的厚度，选用割嘴并拧紧，使接触部分能很好地贴合，然后扳动倒顺开关，将其放在所需的位置上，根据所割工件的厚度调整好气割速度，并开始在割嘴处点火，调整好预热火焰能率 (5) 将离合器合上，并开启压力开关阀，使切割氧气与压力开关的气路相通 (6) 将割件预热到燃烧温度后，开启切割氧气阀，割穿被割件，同时由于压力开关的作用，使电动机的电源接通，气割机行走，气割工作开始	设备应保持清洁干燥，电源线无破皮、损坏和漏电现象，防止触电事故发生，设备应完好、无松动，非工作人员不得乱动

续表

<table>
<tr><th colspan="2">操作程序</th><th>作业标准</th><th>安全要点</th></tr>
<tr><td>4. 半自动切割</td><td></td><td>（7）气割过程中，旋转升降架上的调节手轮，可随时调整切割嘴与切割件之间的距离
（8）气割结束后，先关切割氧气开关。此时，压力开关打开，切断电动机电源，紧接着关闭压力开关阀和预热火焰。在整个工作结束后，切断控制板电源及停止氧气和乙炔的供给</td><td></td></tr>
<tr><td rowspan="3">5. 作业结束</td><td>（1）乙炔瓶</td><td>1）遵照 1.（2）动作关闭乙炔开关，取下乙炔减压阀、胶管等
2）将空瓶抬到小车上并送至规定地点，统一由专车送至乙炔站充装</td><td rowspan="3">严禁乱堆乱放；熄灭余火及火星，注意防火；清扫工作现场，保持工作场地清洁</td></tr>
<tr><td>（2）氧气瓶</td><td>1）遵照 1.（3）动作关闭氧气开关，取下氧气胶管，拧下氧气表
2）将空瓶抬到小车上并送至规定地点，统一由专车送至氧气站充装</td></tr>
<tr><td>（3）其他</td><td>1）在焊（割）炬停止使用后，应将割炬与胶管卷起并挂起来，防止尘土及杂质侵入而影响使用
2）氧气表、乙炔表应拆离瓶体，妥善保管。其他工具一并清理干净、保管好
3）将切割好的工件堆放整齐，并将切割下的余料清理到固定地点堆放好
4）熄灭余火及火星，清扫工作现场，保持工作场地整齐</td></tr>
</table>

第八节　喷　涂

一、喷涂工艺及特点

目前，我国机械工业中，喷涂作业应用非常广泛。主要的喷涂方法有空气喷涂和静电喷涂两种。空气喷涂是目前油漆涂装施工中采用得比较广泛的一种涂饰工艺。空气喷涂是利用压缩空气的气流流过喷枪嘴孔形成负压，负压使漆料从吸管吸入，经喷嘴喷出形成漆雾，漆雾喷射到被涂饰零部件表面上形成均匀的漆膜。压缩空气喷涂又分冷喷法和热喷法两种，其工作原理基本相同。

冷喷法是通过压缩空气气流将涂料从喷枪嘴中喷出，使之成为雾状液体，分散沉积在加工物体的表面。一般挥发性大的油漆，如硝基漆、过氯乙烯漆、丙烯酸漆等大多采用此法。

热喷法设有预热罐，温度一般为 60 ~ 70 摄氏度。由于热喷涂的固体含量比冷喷涂时高 50% 左右，因此，热喷一层相当于冷喷两层，这样溶剂可以减少 50% ~70%，所以，热喷法比冷喷法稍为安全一些。目前常用热喷法进行喷涂。

由于喷涂作业中涂料的溶剂含量比较大，而且喷涂作业要求涂料干燥快，因此，所用溶剂的沸点低，容易挥发，当这些易燃液体的蒸气大量扩散在空气中，与空气混合达到一定浓度后，遇火便会发生燃烧爆炸。其次，由于喷涂溶剂中含有苯，喷涂操作人员长期接触会造成苯中毒。

二、作业环境要求

（1）喷涂作业应在专门设置的房间或厂房内进行，或在指定的喷涂区进行。

（2）不得在集会、教室、住宅等公共场所设立喷涂车间，对以上公共场所进行装修需喷涂者除外。

（3）喷涂作业的厂房一般采用单层建筑。如布置在多层建筑物内，宜布置在建筑物上层；如布置在多跨厂房内，宜布置在外边跨。

（4）喷涂作业车间的出入口至少应有两个，并且应保持畅通。

（5）喷涂作业车间的门应向外开启。

（6）密闭空间内的喷涂作业是指对密闭空间本身或设在密闭空间的固定设备、设施等进行装修。除此之外，密闭空间不得作为喷涂作业场所。

（7）密闭空间只有一个出入口时，宜增开一个工艺口。

（8）进入密闭空间进行喷涂作业前，应办理进入手续。

（9）喷涂作业人员进入密闭空间前应对密闭空间进行空气检测，通常密闭空间内空气中的氧含量应不低于 18%（体积百分数）。

（10）喷涂作业时，要在密闭空间入口处张贴“未经许可不准进入”的标志，严禁未经准许的人员、车辆进入。

（11）喷涂作业人员在 1.5 米以上高处作业时，应系安全带。脚手架应是木质的，且固定牢固。

（12）凡进入密闭空间进行喷涂作业者，不论空间大小，至少应有两人同行和工作。若空间只能容一人作业，另一人不得离开，并应随时与正在作业的人取得联系，作预防性防护。

（13）作业中，企业安全技术部门应派专人定时测定密闭空间内空气中的氧含量和可燃性气体的浓度。氧含量应在 18% 以上，可燃性气体浓度应低于爆炸下限的 10%。

（14）喷涂作业完成后，剩余的涂料、溶剂、浸有涂料的棉纱、工具等物应全部清理出密闭空间，放到指定地点。

（15）喷涂作业完成后，密闭空间内应继续通风。在不符合劳动安全卫生条件的情况下，不得进行其他作业。

（16）照明灯具必须采用防爆灯，且电压应为安全电压。

（17）喷涂区内一般不设置电气设备。如必须设置，应符合国家有关爆炸危险场所电气安全的规定，实现电气整体防爆。

（18）照明线路必须采用悬吊架设，避开作业空间。

（19）局部照明必须采用电池电源矿灯或手提式照明灯。

（20）临时照明灯必须采用安全绝缘或重型软皮线（胶皮线），线与灯的连接必须安全、绝缘、可靠。

（21）在没有照明或临时照明的情况下，不准任何人进入密闭空间。

（22）密闭空间内严禁使用明火照明。

（23）需加热涂料材料等易燃物质时，应使用热水、蒸汽等热源。严禁使用火炉、普通电炉、煤气炉等明火。

（24）喷涂区入口处及其他禁止明火和产生火花的场所应有禁止烟火的安全标志。

（25）喷涂设备、储存容器、通风管道和物料输送系统等停产检修时，如需采用电焊、气焊、喷灯等明火作业，必须经企业安全技术部门批准，严格执行动火安全制度，遵守安全操作规程。

（26）喷涂区附近应放置足够数量的消防器材，并定期检查，确保消防器材保持有效状态。

三、工艺操作安全要求

1. 喷涂前对通风系统和照明系统的检查

对通风系统和照明系统的检查内容主要包括：

（1）通风系统是否符合要求。

（2）照明线不应有接头。

（3）照明电缆内的电流、电压不应超过规定要求。

（4）照明线应悬吊，无破损、无摩擦、无过分受力。

2. 喷涂设备使用安全注意事项

（1）喷涂时，切勿使手指、手掌或身体的任何部位接触喷嘴。

（2）严禁将喷枪口对着自己或他人。

（3）严禁将喷嘴护套卸下后喷涂。

（4）除了喷涂或清洗外，任何时候都必须将喷枪保险关上。

（5）在进行任何有关设备的维修或保养作业前，先泄压。

（6）清洗时，勿使用漂白水或含强酸、强碱的溶剂。

（7）必须配备相应的电源稳压器。

（8）在通风良好及照明充足的场所进行喷涂作业。

（9）不能在有火花或有可燃物的区域喷涂。

（10）应使设备在无涂料的情况下空转超过10秒。

（11）喷涂设备不能用于含胶水成分或含颗粒及无溶剂或含强腐蚀性的涂料的喷涂。

（12）喷涂设备只能使用220伏的单相电，严禁接380伏电源，否则将会烧毁电动机。

（13）在拔下电源插头时，切勿拉扯设备电源线。

3. 喷涂操作员安全操作规程

（1）严禁烟火。工作人员不得携带火柴、打火机等火种进入生产场所，喷涂时，不准吸烟。

（2）动火检修时，必须采取防火措施，如事先清除油漆及其沉淀物，并办理动火证审批手续。

（3）根据生产情况，设置通风和排风装置，将可燃气体及时迅速排出。对中小型零件喷涂时，最好采用水帘过滤抽风柜。通风机必须采用防爆风机。排风扇叶轮应采用有色金属制作，并经常检查，防止摩擦撞击。所有电气设备应有良好接地。如果车间没有严格的保湿要求，最好采用自然通风。

（4）操作时应控制喷速，空气压力应控制在0.2～0.4兆帕，喷枪与工作表面的距离应保持在300～500毫米。

（5）车间里的油漆和溶剂储存量以不超过一日用量为宜。为减少挥发量，容器应加盖。

（6）露天喷涂作业时，不应在进行焊接、切割、锻造、铸造等带明火的作业场所进行。

（7）在特殊情况下，例如对大型机械、机车等机件庞大且不宜搬动的物体进行喷涂作业，若现场作业，而现场的电气设备又不防爆时，应将现场电源全部切断，等喷涂作业结束、可燃气体全部排出后方可通电。

（8）在进行喷涂作业时，劳动防护用品（喷涂面罩、防护服、手套、过滤器等）要穿戴齐备。

4. 静电喷涂安全规定

（1）静电喷涂应在静电喷涂室内进行。静电喷涂室应配置通风设施。

（2）静电喷涂室出入口应设置符合安全防火要求的门。

（3）静电喷涂室的门应与静电发生器的电源有联锁保护，门打开时，电源应被切断。

（4）静电喷涂室室体应符合安全防火和绝缘要求，宜用玻璃等材料制作，内壁表面应易于清除积漆。

（5）静电喷涂室的通风设施应与高压静电发生器的电源有联锁保护，即通风先启动，然后接通发生器电源。

（6）高压静电发生器的电源插座应为专用结构，插座中的接地端与专用地线连接，不得用零线代替地线。

（7）高压静电发生器的高压输出与高压电缆连接端应设置限流电阻，而高压电缆接入静电喷涂枪应设置限流电阻。高压电缆的屏蔽线应牢固地接到专用地线上。

（8）高压静电发生器应设置控制保护系统，当工作系统发生故障或出现过载时自动切断电源。

（9）高压静电发生器应设置自动无火花放电器，当断开高压后，消去残留在高压静电发生器上的电荷。

（10）高压静电发生器必须按以下要求使用：

1）高压静电发生器电压为（200±10）伏，频率为50赫兹。

2）仪器外壳必须单独接地，不得用电源中性线代替仪器的接地线。

3）在高压输入端内应注入107液态硅橡胶。注入量以高压电缆线插入后不外溢为宜，并应经常保存规定的注入量，否则不能开启高压。

4）高压电缆与高压输出柱内的限流电阻的接触必须绝对可靠，否则会引起打火和损坏零部件。

5）在仪器的1.5米半径范围内应保持干燥、通风、清洁，不准有任何异电物质存在。

6）严禁直接在高挡位时开启高压静电发生器。

7）如发现机内打火，应立即关闭仪器，并检查维修。

8）若遇仪器自动跳闸，应关机检查喷涂设备的技术工作状况，待故障排除后方可开启高压。

9）开启高压后，严禁将高压电缆输出与大地及任何物体接触。

10）调换熔丝时，必须按照仪器上的标值进行。

(11）工作结束或中途调漆或修理时，必须先关漆源，并把高压静电发生器指针调至零位，切断电源，关闭气源、升降机。

(12）进喷房工作时，一定要等喷头残留高压静电放掉后（高压静电源关闭 5 分钟后）方可进入。

(13）保养喷头、喷盘时，不准用带静电的化纤布揩除其外表和导线上的溶剂。

(14）做好静电喷涂作业结束后的设备保养和喷房清洁、整理工作。

(15）定期消除吊具及喷房积漆，以免接地不良引起跳火。

5. 热喷涂安全规定

（1）火焰喷涂设备的安全操作。开启乙炔气瓶阀门时动作要缓慢，并且要将阀门开到最大。乙炔气瓶体的表面温度不要超过 40 摄氏度。如发现有丙酮泄漏，要马上停止使用。乙炔发生器在使用前必须装够规定的水量，并及时排出气室积存的灰渣，补充新水，以保证发气室内冷却良好。

定期检查乙炔压力表的准确性及安全阀的可靠性。

使用中的乙炔发生器与明火、火花点、高压线等之间的距离不得小于 10 米，并应防止暴晒以及来自高处的飞散火花或坠落物等引起的危害。

禁止将移动式乙炔发生器放在风机、空气压缩机站、制氧站等处的吸气口和避雷针接地引线导体附近，以及电气装置或金属物件接地体上。

（2）回火防止器的安全操作。根据乙炔气瓶和乙炔发生器及操作条件选用符合安全要求的回火防止器。每一把喷枪必须配用有独立、合格的回火防止器。

每班工作前都应先检查回火防止器，保证其密封性良好和逆止阀动作灵敏可靠。

在使用水封式回火防止器的过程中，任何时候都要保持回火防止器内规定的水位。

对干式回火防止器，应每月检查，并清洗残留在回火防止器内的烟灰和积污。

（3）控制屏的安全操作。氧气—燃气的控制屏中不得含有可发生火花的电气装置，如果有，则必须安装排风扇，防止泄漏的燃气着火。

（4）火焰喷枪的安全操作。火焰喷枪不使用时，须保持清洁干燥，并应按照制造厂的说明书存放。火焰喷枪上的各个阀门均不能出现泄漏，并应能方便可靠地操作。必须用摩擦点火器或喷枪专用点火装置点火，以防止手被灼伤，当喷枪发生回火时，应立即关枪。

对在喷涂时不止一次自动熄灭和发生回火的喷枪，在没有检查出原因之前，不准使用。不准将喷枪及其软管挂在减压器或钢瓶上。喷涂结束后，应放掉减压器和软管中的气体，按下列顺序操作：关枪→关气瓶阀和其他所有阀→打开枪的开关，放出胶管中的余气→将减压阀调压手柄旋出。应根据制造厂的规定操作喷枪的开与关。

清洗喷枪时，不可让油进入喷枪气室与气道内。

不可用普通的油与油脂润滑喷枪，只能使用设备制造厂推荐的润滑剂润滑。

（5）火焰喷涂设备安装与调试的安全操作。氧气和乙炔通道上的每个接头均应拧紧，不得有气体泄漏。在打开任何气阀之前，应对工作场地通风。当开启钢瓶气阀时，操作者应站在减压器一侧，慢慢地打开钢瓶气阀。

用肥皂水对所有接头进行气密性试验，严禁用火焰检查是否漏气。当发现有漏气现象时，应马上关气，并紧固接头。

（6）等离子喷涂和电弧喷涂设备的安全操作。电源线、绝缘物、软管和气路管道在使用前应先检查，如运转不正常，要立即维修或更换。

等离子和电弧喷涂设备本身应保证操作安全。外露的等离子枪阴极应绝缘，非转移弧型等离子枪阳极应接地，转移弧型等离子设备中，作为阳极的工件应接地。喷涂场所的电气设备要有保护，不准有明线，如不可避免，要有护管。

在没有关掉整个系统，包括切断整个系统的气源、电源和水源的情况下，不能进行清洗或修理电源、控制台和喷枪的工作。

喷枪应经常保持清洁，避免金属粉尘堆积，并应严格按照制造厂的操作使用说明进行。

与喷涂设备连接的控制柜应接地。欲悬挂等离子或电弧喷涂枪时，挂钩应绝缘或接地。电弧喷枪停止工作时，要将喷枪上的两线材退出。

在调整等离子喷枪时，尽可能缩短高频使用时间和减少使用次数。

（7）喷砂机的安全操作。使用中，压缩空气的压力不得超过压力容器的额定使用压力。操作时不得将喷砂嘴对着人体任何部位。

（8）压缩空气的安全操作。压缩空气不得与氧气或燃料气混合。要经常检查压缩空气的压力，如超过气瓶的额定压力，则不可用以喷涂和喷砂。气路中严禁有油、水和灰尘。

（9）应注意人身安全。热喷涂操作人员应经过国家指定的有关部门培训合格，并获得由国家指定部门颁发的合格证书后，方可从事此工作。

1）头部的保护。头盔、面罩、护目镜在热喷涂或喷砂操作中用来保护头部，特别是眼睛。为了防止光辐射和飞溅粒子的伤害，在整个操作期间，喷涂工、拉毛工和喷砂工必须戴护目镜，辅助工和现场其他人员也应戴护目镜和适当的面罩。喷涂过程中，面罩、护目镜应配以深度适当的滤色片以保护眼睛。在等离子喷涂和电弧喷涂中，一定要戴头盔或面罩，以对头部进行保护，防止紫外线和红外线辐射的灼伤。喷砂时，喷砂工应戴防尘喷砂头盔或穿喷砂服，保护头部和身体不受飞溅砂粒的伤害。

2）呼吸系统的保护。进行热喷涂和喷砂作业时，应向操作者提供呼吸系统保护设施。在有良好抽风的室内进行无毒材料喷涂和在喷砂箱内进行喷砂，或露天进行火焰喷涂时，若粉尘不大，应使用防尘口罩。在室内进行热喷涂操作，当口罩无法挡住粉尘时，可佩戴机械式过滤呼吸器（含有活性炭）。

3）听力的保护。进行一般喷涂、喷砂作业时，应佩戴护耳器或合适的软橡皮耳塞，以免操作时高强度的噪声损害操作者的听力。

4）其他保护措施。根据喷涂工作的性质、施工条件以及喷涂工作量的大小选择合适的喷涂和喷砂服、工作鞋和绝缘手套。

（10）在有限空间内作业的安全操作。如果有限空间中以前装过可燃物品，在进入有限空间之前，应采取安全保护措施，保证施工安全。

一切气瓶、电源应放在有限空间外面。

如果喷涂工和喷砂工必须通过舱口或其他狭小的开口进入有限空间，要求具有在紧急情况下能使操作工迅速转移的安全措施。

在有限空间内作业时，要穿防火服，戴皮革或石棉手套，手腕和脚踝处的衣服要扎牢，避免有毒有害的热喷涂材料和磨料损伤皮肤。

在有限空间内使用的光源应是低压防爆灯。

（11）关于通风的安全规定。每台热喷涂设备的通风都要单独配备。

在使用便携式抽风器时，必须在抽风器上安装粉尘收集器，以收集粉尘，防止污染周围环境。

当喷涂机械零件时，如果在机床上进行喷涂作业，吸尘罩最好能装在托架的后面，以便使它能与喷枪一起运动，从而将喷涂时产生的粉尘和烟雾抽进或收集到粉尘收集器中。

喷砂房应有较好的照明条件，并有足够的通风，通风条件应为下方气流和纵向通风。

给有限空间通风时，换进的空气要清洁。

在打扫工作空间时，要保持通风机处于工作状态，以防止粉尘和烟气聚集。

四、喷涂安全作业标准

(1) 限制、淘汰严重危害人身安全和健康的涂料产品和涂装工艺，积极推广有利于人身安全和健康的涂料和涂装工艺：禁止使用含苯的涂料、稀释剂和溶剂；禁止使用含铅白的涂料；限制使用含红丹的涂料；禁止使用含苯、汞、砷、铅、镉、锑和铬酸盐的车间底漆；严禁在前处理工艺中使用苯；禁止使用火焰法除旧漆；禁止在大面积除油和除旧漆中使用甲苯、二甲苯和汽油；严格限制使用干喷砂除锈。

(2) 对涂料、金属清洗液、化学处理液实施化学品管理：对涂装作业使用的化学品，实施国际劳工组织《1990 年作业场所安全使用化学品公约》管理；涂料及有关化学品生产单位应注册登记，评价确定化学品危害性；涂料及有关化学品，必须提供符合规定的标签、包装和安全技术说明书；所有的经济部门（生产、经营、运输、储存、使用）都要遵守有关规定；进口的涂料及有关化学品必须提供中文安全技术说明书，加贴中文标签。

(3) 合理选用与布置工艺路线：选用有利于人身安全和健康的涂装工艺与涂料；正确布置工艺路线，采取必要的隔离、间隔设施；喷漆室不能交替用于喷漆、烘干，除非符合特定条件；流平区、滴漆区必须要有局部排风和收集滴漆装置。

(4) 工程设计必须符合安全、卫生、消防、环保要求：车间布置不应危害环境和其他生产作业；涂装作业场所应布置在顶层或边跨；按使用的涂料闪点确定火灾分类，并符合相关的耐火等级、防火间距、防火分割和厂房防爆、安全疏散的有关规定；建筑结构、构件及材料选用应达到防火防爆等要求。

(5) 合理划分并分别控制危险区域。极度危险区域：存在危险量的易燃和可燃蒸气、漆雾、粉尘和积聚可燃残存物的涂漆区或前处理区，应划分为极度危险区域，一般不布置电气设备，如确需布置应严格控制电气防爆；高度危险区域：可能出现（包括仅是短时存在）的爆炸性蒸气、漆雾、粉尘等混合物的电气防爆区域，应划为高度危险区域，严格控制电气火花；中等危险区域：极易产生燃烧的火灾危险区域，应划为中等危险区域，严格控制易燃物存量和可能产生明火的危险源；轻度危险区域：容易产生燃烧的、为涂装作业专门设置的厂房或划定的空间，应划为轻度危险区域，禁止一切明火和阻止外来火种进入。

（6）重点控制电气安全，严格划分电气防爆级别和区域范围：电气系统的选型设计、安装和验收必须符合划定的级别范围和规范；电气系统必须包括设备、线路及其连接、紧固、支架、灯架等相关的所有设施，不允许有一个例外，以保证电气整体安全；正确实施接地接零和防静电接地；采取相应的防雷措施。

（7）必须采取通风防护技术措施：要以局部通风为主，辅以全面通风；人员操作区域，必须选用合理的方式（风速、气流组织、排风方法、抑制等技术），使通风系统达到保护人员健康的目的；对于通风的封闭空间，必须选用合理的方式（浓度计算、温度控制、泄压、防止漆垢沉淀等技术），确保通风系统达到保证安全的目的；合理选用与布置风机、管路及其连接、固定，采取必需的浓度检测、温度控制、电气接地等措施，使通风系统处于安全、稳定、经济运行状态。

（8）必须采取保护健康的卫生防护措施：操作区域的有害因素（有害物质、温度、湿度、噪声、照明等）必须符合国家标准；确定卫生特征级别，配套必需的卫生辅助用房，配置应急卫生设施；进行职业性健康检查和有害因素定期检测。

（9）严格控制设备的安全性能：设备应具有便于操作、维护和清理的合理结构、足够的强度、刚度，适当的材质和连接；设备还应具备必要的要素控制仪表、安全装置和技术措施；限制过负荷、过电压安全装置；危险区域内的设备表面温度控制；点火能量、火花放电安全距离控制，高压屏蔽；承压装置的耐压、气密性能；应急的紧急安全技术措施；另外还包括符合规定的产品品牌（包括特定项目）、检验合格证书和使用说明书（包括安全内容）。

（10）配置防止灾害发生与扩大的联锁、报警装置。控制误操作的联锁装置：误操作声光信号装置，误入危险区的断电联锁装置，间歇作业与手动操作的自锁装置，操作与通风系统的联锁装置；控制设备故障的联锁装置：动力、供漆与通风系统的联锁、切断装置，通风与工件输送系统的联锁装置；控制火情的报警、联锁装置：温度、浓度控制报警装置，火情报警与动力、工件输送、灭火系统的联锁装置，特定条件下的涂料加压输送系统与报警装置、灭火系统的联锁装置，防止系统内部爆炸传递的联锁装置。

（11）注意涂装流水线的工件输送系统安全性能：工件输送系统应和工艺匹配，线路合理，运行平稳；工件间距适当，防止碰撞；吊具设计合理，防止工件脱落；要有必要的接地、防静电措施；要有防止外界腐蚀吊具的措施。

（12）控制现场涂料储存和输送：设置专门的配漆间；限制现场涂料的化学品存量；涂料输送的管路布置、材质与连接、涂料流速、涂料补充等必须置于安全控制范围之内；严格限制使用加压输送涂料工艺，除非符合特定条件。

（13）必要的净化设施：根据不同工艺及排入性质、数量、特点，合理选用有机溶剂和工业废水（包括水中的重金属）的净化设施，并严格控制净化设施的安全性能；厂界噪声应符合环境保护标准。

（14）重视人机工程系统安全的人员控制环节：对涂装设计、工艺、操作人员进行安全技术培训；建立安全操作、设备维护、现场管理等规章制度；进行监控，定期检测、维护和整定设备；为操作者设立安全装置、防护装置、安全标志和提供合理的防护用品。

（15）特殊环境作业和特殊群体保护：有限空间应严格执行通风、监护、测爆、动火等相关安全技术条件；对妇女实行禁忌劳动范围制度；禁止未成年人从事有毒、粉尘作业。

第九节　厂内起重与运输

厂内机械设备的搬运要用到起重机械和运输设备，起重机械和运输设备在现代化工业企业中实现生产机械化、自动化，改善劳动条件，减轻体力劳动，尤其在处理体力所不能搬运的重物时是必不可少的，对提高劳动生产率具有重要的意义。

一、起重机械

起重机械的功能是在其工作范围内将物品从一个地点吊运到另一地点，是使用最广泛的一种反复间断工作的搬运机械。起重机械的种类很多，但机械行业常用的起重机械主要包括桥式起重机、千斤顶、电动葫芦和手拉葫芦。

1. 起重机械作业中的危险因素

（1）起重伤害。起重机在运行中对人体造成的挤压或撞击。

（2）物体打击。起重机吊钩、钢丝绳或麻绳超载断裂，重物下落造成物体打击。

（3）触电。电气设备漏电、保护装置失效、裸导线未加屏蔽等造成触电。

（4）火灾。电气设备漏电起火，将驾驶室的可燃物点燃造成火灾。

2. 起重作业安全操作要求

（1）起重机司机接班时，应检查制动器、吊钩、钢丝绳和安全装置。发现性能不正常时，应在操作前排除。

（2）开车前，必须先鸣铃或报警。操作中接近人时，也应给以断续铃声或报警。

（3）操作应按指挥信号进行。对紧急停车信号，不论何人发出，都应立即执行。

（4）确认起重机上及其周围无人时，才可以闭合主电源。当电源电路装置上加锁或有标牌时，应由有关人员开锁或除掉后才可闭合主电源。

（5）闭合主电源前，应使所有的控制器手柄置于零位。

（6）工作中突然断电时，应将所有的控制器手柄扳回零位。在重新工作前，应检查起重机工作是否正常。

（7）在轨道上露天作业的起重机，当工作结束时，应将起重机锚定住，当风力大于6级时，一般应停止工作，并将起重机锚定住。对于在沿海工作的起重机，当风力大于7级时，应停止工作，并将起重机锚定住。

（8）在对起重机进行维护保养时，应切断主电源并挂上标志牌或加锁，如存在未消除的故障，应通知接班司机。

（9）不得利用极限位置限制器停车。

（10）不得在有载荷的情况下调整起升、变幅机构的制动器。

（11）吊运时，不得从人的上空通过，吊臂下不得有人。

（12）起重机工作时，不得进行检查和维修。

（13）所吊重物接近或达到起重机额定载荷时，吊运前应检查制动器，并经小高度、短行程试吊无误后，再平稳地吊运。

（14）无下降极限位置限制器的起重机，吊钩在最低工作位置时，卷筒上的钢丝绳必须保持设计规定的安全圈数。

（15）下列情况时，起重机司机不应进行吊运操作：

1）超载或物体质量不明。如吊拔起质量或拉力不清的埋置物体，以及斜拉、斜吊等。

2）结构或零部件有影响安全工作的缺陷或损伤。如制动器、安全装置失灵，吊钩螺母防松装置损坏，钢丝绳损伤达到报废标准等。

3）捆绑、吊挂不牢或不平衡而可能滑动，重物棱角处与钢丝绳之间未加衬垫等。

4）被吊物体上有人或浮置物。

5）工作场地昏暗，无法看清场地、被吊物情况和指挥信号等。

3. 起重机指挥人员和司机对起重指挥信号应分别履行的职责及安全要求

（1）指挥人员的职责及其要求：

1）指挥人员应根据标准信号要求，与起重机司机进行联系。

2）指挥人员发出的指挥信号必须清晰、准确。

3）指挥人员应站在能使司机看清指挥信号的安全位置上，当跟随负载运行指挥时，应随时指挥负载避开人员和障碍物。

4）指挥人员不能同时看清司机和负载时，必须增设中间指挥人员，以便逐级传递信号，当发现错传信号时，应立即发出停止信号。

5）负载降落前，指挥人员必须在确认降落区域安全时，方可发出降落信号。

6）当多人绑挂同一负载时，起吊前，应先做好呼唤应答，确认绑挂无误后，方可由一人负责指挥。

7）同时用两台起重机吊运同一负载时，指挥人员应双手分别指挥各台起重机，以确保同步吊运。

8）在开始起吊负载时，应先用微动信号指挥，待负载离开地面 100～200 毫米稳定后，再用正常速度指挥，必要时，在负载降落前，也应使用微动信号指挥。

9）指挥人员应佩戴鲜明标志，如标有“指挥”字样的臂章，特殊颜色的安全帽、工作服等。

10）指挥人员所戴手套的手心和手背要易于辨别。

（2）起重机司机的职责及其要求：

1）司机必须听从指挥人员的指挥，当指挥信号不明时，司机应发出重复信号询问，明确指挥意图后，方可开车。

2）司机必须熟练掌握标准规定的通用手势信号和有关的各种指挥信号，并与指挥人员密切配合。

3）当指挥人员所发信号违反标准的规定时，司机有权拒绝执行。

4）司机在开车前必须鸣铃示警，必要时在吊运中也要鸣铃，通知受负载威胁的地面人员撤离。

5）在吊运过程中，对任何人发出的紧急停止信号，司机都应服从。

4. 起重机司机在工作中“十不吊”的具体内容

所谓“十不吊”，是指起重机司机在工作中遇到以下十种情况时不能进行起吊作业：

（1）超载或被吊物质量不清。

（2）指挥信号不明确。

（3）捆绑、吊挂不牢或不平衡可能引起吊物滑动。

（4）被吊物上有人或浮置物。

（5）结构或零部件有影响安全工作的缺陷或损伤。

（6）遇有拉力不清的埋置物件。

（7）工作场地光线暗淡，无法看清场地、被吊物情况和指挥信号。

（8）重物棱角处与捆绑钢丝绳之间未加垫。

（9）歪拉斜吊重物。

（10）易燃易爆物品。

5. 在使用手拉葫芦时要遵守的安全规程

（1）操作前必须详细检查各个部件和零件，包括链条的每个链环，各传动部件的润滑情况等，情况良好时方可使用。

（2）悬挂支撑点应牢固，悬挂支撑点的承载能力应与该葫芦的承重能力相适应。

（3）使用时应先反拉牵引链条，使启动主链条倒松，使其有最大的起重距离。

（4）使用时，应先把起重链条缓慢倒紧，等链条受力后，检查手拉葫芦的各部分有无变化，安装是否妥当，在确认各部分安全良好后，才能继续工作。

（5）在倾斜或水平方向使用时，拉链方向应与链轮方向一致，应注意不使钩子翻转，防止链条脱槽。

（6）起重量不得超过手拉葫芦的起重能力，在重物接近额定负荷时，要特别注意。使用时用力要均匀，不得强拉猛拉。

（7）接近泥沙工作的手拉葫芦必须采用垫高措施，避免将泥沙带进转动轴承内，影响其使用寿命与安全。

（8）使用三个月以上的手拉葫芦，应拆卸、清洗、检查和注油。对缺件、失灵和结构损坏等情况，需经修复后才能使用。

（9）使用三脚架时，三脚必须保持相对间距，两脚间应用绳索联系，当联系绳索置于地面时，要注意防止将作业人员绊倒。

（10）起重高度不得超过标准值，以防链条拉断销子，造成事故。

6．在使用电动葫芦时要遵守的安全规程

（1）开动前应认真检查设备的机械、电气、钢丝绳、吊钩、限位器等是否完好可靠。

（2）不得超负荷起吊。起吊时，手不准握在绳索与物件之间。吊物上升时严防撞顶。

（3）起吊物件时，必须遵守挂钩起重工安全操作规程。捆扎应牢固，在物体的尖角缺口处应设衬垫保护。

（4）使用拖挂线电气开关启动时，绝缘必须良好。要正确按动电钮，操作时注意站立的位置。

（5）单轨电动葫芦在轨道转弯处或接近轨道尽头时，必须减速运行。

（6）凡有操作室的电动葫芦必须由专人操作，严格遵守行车工有关安全操作规程。

7．在使用千斤顶时应遵守的安全规程

（1）千斤顶应放平整，并在上、下端垫以坚韧木料，但不能使用沾有油污的木料或铁板做衬垫，以防止千斤顶受力时打滑。千斤顶应有足够的承压面积，并使受力通过承压中心。

（2）千斤顶安装好以后，要先将重物稍微顶起，经试验无异常变化时，再继续起升重物。在顶起重物的过程中，要随时注意使千斤顶平整直立，不得歪斜，严防倾倒，不得任意加长手柄或操作过猛。

（3）起重时应注意上升高度不超过额定高度。当需将重物起升到超过千斤顶的额定高度时，必须在重物下面垫好枕木，卸下千斤顶，垫高其底座，然后重复顶升。

（4）起升重物时，应在重物下面随起随垫枕木垛，下放时，应逐步外抽。枕木垛和重物的高差一般不得大于一块枕木的厚度，以防发生意外。

（5）同时使用两台或两台以上千斤顶时，应注意使每台千斤顶负荷平衡，不得超过其额定负荷，要统一指挥，同起同落，使重物升降平稳，以防倾倒。

（6）千斤顶的构造应保证在最大起升高度时，齿条、螺杆、柱塞不会从底座的筒体中脱出。

（7）千斤顶在使用前，应认真检查、试验和润滑。油压千斤顶按规定定期拆开检查、清洗和换油，螺旋千斤顶和齿条千斤顶的螺纹磨损后，应降低额定负荷使用，磨损超过20%则应报废。

（8）保持储油池的清洁，防止沙子、灰尘等进入储油池内，以免堵塞油路。

（9）使用千斤顶时要时刻注意密封部分与管接头部分，必须保证其安全可靠。

（10）千斤顶不适用于有酸、碱或腐蚀性气体的场所。

二、厂内交通运输

所谓厂内运输，是指根据工业企业生产的需要，在厂内按生产路线和工艺流程对材料、成品、零部件、产品等进行库房与车间之间、车间与车间之间、车间内部各工序之间的运输。

1. 厂内运输方式及危险因素

（1）厂内运输方式。厂内运输方式主要包括汽车、叉车（铲车）、机动运输平车、手推车等。

根据物料的周转情况，厂内运输大致可分为以下几个阶段：

1）原材料运入工厂。

2）原材料搬运入库或运到堆放场地。

3）原材料由仓库或堆场运到车间或者生产作业班组。

4）零部件在车间内部班组、工序间的转运。

5）零部件在车间与车间之间的转运。

6）产品由车间运送到库房。

7）产品由库房发运出厂。

（2）厂内运输的危险因素。厂内运输易发生的事故包括撞车和在搬运、装卸、堆垛中物体的撞击等。发生以上事故的主要原因如下：

1）运输作业人员安全意识不强，安全技术知识缺乏。

2）通道、照明、场地等作业条件不符合安全要求。

3）运输设备和运输工具本身存在缺陷。

4）操作人员的身体、精神状况不适合运输作业。

2. 运输作业安全要求

（1）从事厂内运输作业的人员需满足的条件：

1）从事运输工作的新职工和代培、实习人员，入厂时应进行安全教育，在指定人员的带领下工作，按不同岗位确定不同的培训时间，经考试合格后，方准上岗。

2）机车、机动车和装卸机械的驾驶人员，必须经有关部门组织的专业技术、安全操作考试合格，发给驾驶证，方准驾驶。

3）从事危险品运输、装卸的人员，必须定期进行安全教育，每年进行一次训练和考试，经考试合格，方准继续操作。

4）从事运输作业的人员，应定期进行体格检查，经检查合格者，方能继续担任原职工作。

5）运输、装卸作业人员作业时应按规定穿戴劳动防护用品。

（2）厂内道路运输机动车行驶速度的安全规定：

1）机动车在无限速标志的厂内主干道行驶时，速度不得超过30千米/时，在其他道路行驶不得超过20千米/时。

2）机动车行驶至限速地点、路段或遇到特殊情况时的限速要求应符合表2—11的规定。

表2—11　机动车在特定条件下的限速规定　千米/时

限速地点、路段及情况	最高行驶速度
道口、交叉口、装卸作业、人行稠密地段、下坡道、设有警告标志处或转弯、掉头时，货运汽车载运易燃易爆等危险货物时	15
结冰、积雪、积水的道路，恶劣天气能见度在30米以内时	10
进出厂房、仓库、车间大门、停车场、加油站、危险地段、生产现场，上下地中衡，倒车或拖带损坏车辆时	5

3）恶劣天气能见度在5米以内或能见度在10米以内、道路最大纵坡在6%以上时，应停止行驶。

4）执行任务的消防车、工程抢险车和救护车不受规定速度限制。

（3）厂内机动车停车的安全要求：

1）厂内机动车应停在指定地点或道路有效路面以外不妨碍交通的地点，不得逆向停车，驾驶员离开车时，应拉紧驻车制动、切断电路、锁好车门。

2）下列地点不得停放车辆：

①距通勤车站、加油站、消防车库门口和消火栓20米以内的地段。

②距交叉口、道口、转弯处、隧道、桥梁、危险地段、地中衡和厂房、仓库、职工医院大门口15米以内的地段。

③纵坡大于5%的地段。

④道路一侧有障碍物时，对面一侧与障碍物长度相等的地段及其两端各20米以内。

（4）厂内机动车倒车时应注意的安全事项：

1）机动车倒车时，驾驶员须先查明周围情况，确认安全后，方准倒车。在货场、厂房、仓库、窄路等处倒车时，应有人站在驾驶员一侧的车后指挥。

2）机动车在道口、桥梁、隧道和危险地段严禁倒车或掉头。

（5）厂内机动车驾驶员应遵守的安全规定：

1）驾驶车辆时，必须携带驾驶证和行驶证。

2）不得驾驶与驾驶证不符的车辆。

3）驾驶室不得超额坐人。

4）严禁酒后驾驶车辆，不得在行驶时吸烟、饮食、闲谈或有其他妨碍安全行车的行为。

5）身体过度疲劳或患病有碍行车安全时，不得驾驶车辆。

6）试车时，必须挂试车牌照，不得在非试车区域内试车。

7）厂内机动车辆驾驶人员应通过培训、考核、取证，驾驶员不从事驾驶工作（除担任车管工作外）6个月至1年者，须继续担任驾驶工作时，应经车辆管理部门重新复试，1年以上者，应重新考核。

（6）厂内机动车驾驶员在日常操作中的要求。驾驶员在日常操作中应做到“一安二严三勤四慢五掌握”。

1）一安：指要牢固树立安全第一的思想。

2）二严：指要严格遵守操作规程和交通规则。

3）三勤：指要脑勤、眼勤、手勤。在操作过程中要多思考，知己知彼，严格做到不超速、不违章、不超载，要知车、知人、知路、知气候、知货物。要眼观六路，耳听八方，瞻前顾后，要注意上下、左右、前后的情况。对车辆要勤检查、勤保养、勤维修、勤搞卫生。

4）四慢：指情况不明要慢，视线不良要慢，起步、会车、停车要慢，通过交叉路口、狭路、弯路、人行道、人多繁杂地段要慢。

5）五掌握：指要掌握车辆的技术状况、行人动态、行区路面变化情况、气候影响情况、装卸情况等。

（7）驾驶电瓶车应遵守的安全操作规程：

1）要成为电瓶车司机，必须经过体检合格后，由正式司机带领辅导实习3~6个月，经过考试合格后，由安全主管部门发给合格证，即可独立驾驶。非司机和无证者一律不准驾驶。

2）出车前必须详细检查制动、转向盘、喇叭、轮胎等部件是否良好。

3）司机严禁酒后开车，行车时严禁吸烟，思想要集中，不准与他人谈笑打闹。

4）坐式电瓶车驾驶室内只许乘坐2人，车厢内只能乘坐随车人员1人，拖挂车上禁止乘坐人。

5）电瓶车只准在厂区及规定区域内行驶，凡需驶出规定区域时，必须经公安部门同意。

6）厂区行驶速度最高不得超过10千米/时。在转弯、狭窄路、交叉口、出入车间的大门、行人拥挤等地方行驶速度最高不超过5千米/时。

7）装载物件时，宽度方向不得超过车底盘两侧各0.2米，长度方向不得超过车长0.5米，物件离地面的高度不得超过2米。不得超载。

8）装载的物件必须放置平稳，必要时用绳索捆牢。危险物品要包装严密、牢固，不得与其他物件混装，并且要低速行驶，不准使用拖挂车拉运危险品。

9）电瓶车严禁进入易燃易爆场所。

10）行车前应先查看前方及周围有无行人和障碍物，鸣笛后再开车。在转弯时应减速、鸣笛、开方向灯或打手势。发生事故应立即停车，抢救伤员、保护现场、报告有关主管部门，以便调查处理。工作完毕，应做好检查、保养工作并将电瓶车驾驶到规定地点，挂上低速挡，拉好刹车，上锁，拔出钥匙。

第三章　职业危害与防治

第一节　职业病及其危害

职业危害因素是指在职业活动中产生和（或）存在的、可能对职业人群健康、安全和作业能力造成不良影响的因素或条件，包括化学、物理、生物等因素。

职业病是指企业、事业单位和个体经济组织等用人单位的劳动者在职业活动中，因接触粉尘、放射性物质和其他有毒、有害因素而引起的疾病。

一、职业病

1. 法定职业病

法定职业病必须具备四个条件：

（1）患病主体是企业、事业单位或个体经济组织的劳动者。

（2）必须是在从事职业活动的过程中产生的。

（3）必须是因接触粉尘、放射性物质和其他有毒、有害物质等职业病危害因素引起的。

（4）必须是国家公布的职业病分类和目录所列的职业病。四个条件缺一不可。

2. 职业病特点

职业病具有隐匿性、迟发性特点，危害往往被忽视，具有以下特点：

（1）病因明确，病因即职业危害因素，在控制病因或作用条件后，可以消除或减少发病。

（2）所接触的病因大多是可以检测的，而且其浓度或强度需要达到一定的程度才能使劳动者致病，一般接触职业病危害因素的浓度或强度与病因有直接关系。

（3）在接触同样有害因素的人群中，常有一定数量的发病率，很少只出现个别病人。

（4）如能早期诊断，及早、妥善地治疗与处理，对预测疾病的可能病程相对较好，康复相对较易。

（5）不少职业病，目前世界上尚无特效或根治方法，只能对症治疗减缓症状，所以发现并确诊越晚疗效越差。

（6）职业病是可以预防的。

（7）在同一生产环境从事同一工种的人中，人体发生职业性损伤的概率和程度也有极大差别。

3. 职业病防治

职业病防治工作坚持预防为主、防治结合的方针，建立用人单位负责、行政机关监管、行业自律、职工参与和社会监督的机制，实行分类管理、综合治理。

预防职业病危害，即职业卫生工作的首要职责和任务是识别、评价和控制生产中的不良劳动条件，保护劳动者的健康。职业卫生工作应遵循以下三级预防原则：

（1）一级预防。即从根本上使劳动者不接触职业病危害因素，如改变工艺，改进生产过程，确定容许接触量或接触水平，使生产过程达到安全标准，对人群中的易感者根据职业禁忌证避免有关人员进入职业禁忌岗位。

（2）二级预防。在一级预防达不到要求，职业病危害因素已开始损伤劳动者的健康时，应及时发现，采取补救措施，主要工作为进行职业危害及健康的早期检测与及时处理，防止其进一步发展。

（3）三级预防。即对已患职业病者，做出正确诊断，及时处理，包括及时脱离接触进行治疗，防止恶化和并发症，使其恢复健康。

4. 构成职业病的条件

职业病的发生取决于下列3个主要条件：

（1）职业危害因素的性质。

（2）职业危害因素作用于人体的量。职业危害因素的量及浓度是确诊是否患职业病的重要参考，而作用剂量是接触浓度或强度与接触时间的乘积。

（3）人体的健康状况。在同一职业危害的作业环境中，由于个体特征的差异，各人所受的影响可能有所不同。这些个体特征包括性别、年龄、健康状态、营养状况等。

5. 职业病目录

2013 年 12 月公布的《职业病分类和目录》包括 10 类，132 种职业病。

（1）职业性尘肺病及其他呼吸系统疾病。其中尘肺病包括矽肺等 13 种；其他呼吸系统疾病包括过敏性肺炎等 6 种。

（2）职业性皮肤病。包括接触性皮炎等 9 种。

（3）职业性眼病。包括化学性眼部灼伤等 3 种。

（4）职业性耳鼻喉口腔疾病。包括噪声聋等 4 种。

（5）职业性化学中毒。包括铅及其化合物中毒（不包括四乙基铅）等 60 种。

（6）物理因素所致职业病。包括中暑等 7 种。

（7）职业性放射性疾病。包括外照射急性放射病等 11 种。

（8）职业性传染病。包括炭疽等 5 种。

（9）职业性肿瘤。包括石棉所致肺癌、间皮瘤等 11 种。

（10）其他职业病。包括金属烟热等 3 种。

6. 职业卫生的权益和义务

劳动者享受职业卫生保护的权益主要包括：获得职业卫生教育培训的权利；获得职业健康检查、职业病诊疗、康复等职业病防治服务的权利；了解工作场所产生或可能产生的职业病危害因素、危害后果和应当采取的职业病防护措施的权利；要求用人单位提供符合防治职业病要求的职业病防护设施和个人使用的职业病防护用品，改善工作条件的权利。

用人单位职业卫生方面的义务主要包括：为劳动者创造的工作环境和工作条件必须符合劳动卫生标准和职业卫生要求；配备有效的职业病防护设施和个人使用的职业病防护用品；进行职业病危害

因素检测、评价；组织安排职业健康检查和职业卫生培训；建立健全职业卫生档案、职业健康监护档案等。

二、职业病与工伤保险

接触工业有毒物质，可能引起各种职业中毒，如汞中毒、苯中毒、一氧化碳中毒等。

长期接触粉尘，可能引起各种尘肺病。

在高温和强烈热辐射条件下作业，可能引发热辐射病、热痉挛、日射病。

长期在高噪声环境中作业，强烈的噪声作用于听觉器官，可能引起职业性耳聋。

长期操作振动设备，如锻造机、冲压机、砂轮机等，会造成手臂振动病。

职业病是工伤的一种。工伤保险是社会保险的一种，其目的在于保障因工作遭受事故伤害或者患职业病的职工获得医疗救治和经济补偿，促进工伤预防和职业康复，分散用人单位的工伤风险。

自2011年12月31日起正式实施的《职业病防治法》第七条规定："用人单位必须依法参加工伤保险。国务院和县级以上地方人民政府劳动保障行政部门应当加强对工伤保险的监督管理，确保劳动者依法享受工伤保险待遇。"

职业病大多属于慢性病，治疗康复通常需要长周期持续进行，治疗康复费用高。病人经济负担沉重，可能会迅速陷入贫困，有的债台高筑，生活质量和治疗、康复效果也将大打折扣。工伤保险作为社会保险体系的重要组成部分，其中一个重要的职能就是为职业病患者提供物质帮助，它影响到千千万万职工的基本权利和切身利益，是解决治疗康复费用的有效保障。

根据国家卫生计生委通报2013年职业病防治情况报告统计，2013年我国共报告职业病26 393例。其中尘肺病23 152例，急性职业中毒637例，慢性职业中毒904例，其他类职业病1 700例。从行业分布看，煤炭、有色金属、机械和建筑行业的职业病病例数较多，分别为15 078例、2 399例、983例和948例，共占报告总数的 73.53%。尘肺病新病例 23 152 例，占 2013 年职业病报告总例数的 87.72%；急性职业中毒事故 284 起，中毒 637 例，死亡 25 例；慢性职业中毒 904 例；职业性肿瘤 88 例；职业性放射性疾病 25 例；职业性耳鼻喉口腔疾病等共报告 1 587 例。

近年来，随着职业病的高发，职业病治疗康复越发引起政府和社会的高度重视。《职业病防治法》和《工伤保险条例》对职业病的防治、职业病人的工伤保险待遇均做出明确的规定，有效确保了职业病人的合法权益。职业病是具有法律和医学双重意义上的一类疾病，诊断过程、诊断医师资质认可和职业病康复结果判定都在医学和法律双重管理之下。职业病防治机构、康复机构对职业卫生与职业病发展、职业病诊断标准都有准确的定义，形成了比较完整的体系。

随着我国经济社会的持续发展，社会保障体制的健全，对职工的各项保障逐渐完善。工伤保险对职业病治疗康复的保障功能主要体现在以下四个方面：

（1）工伤保险支付了患职业病参保职工的主要医疗费用。截至 2013 年年底，全国参加工伤保险人数为 19 917 万人，当年有 195 万人享受了工伤保险待遇，基金支出 482 亿元。这其中包含了患职业病的参保职工在工伤保险定点医疗、康复机构支出的治疗、护理、辅助器具配置、康复费用。职业病职工各项待遇方面都得到了充分保障。

（2）工伤保险定点医疗康复机构专业化治疗保障职工健康权益。工伤保险制度建立以来，各地均按工伤事故伤害治疗特点，择优确定专业医疗机构作为工伤职工治疗康复定点单位。工伤患者、职业病或疑似职业病人来院就诊时，定点医疗机构按照首诊负责制原则对症诊断治疗，同时围绕法定职业病诊断制定出相应证据收集流程，积极为患者提供技术和政策帮助，让患者少走弯路，缩短患者职业病诊断和鉴定时限，争取宝贵的治疗时间。

（3）通过经济手段促进了职业病防治。职业安全事故 80% 以上是可以通过对安全生产的重视而避免的，说明事故预防工作可以有效地减少职业危害，从而避免经济损失。通过建立工伤保险制度对职业病防治工作发挥的影响，一方面是工伤保险行业差别费率和费率浮动机制的作用，通过这一经济杠杆，更好地促进用人单位降低职业病的发生。另一方面，从工伤保险基金中提取工伤预防费，对职业病防治进行资金投入，避免职业病的发生或降低危害程度、治疗难度，保障了职工的健康权益。

（4）工伤保险制度的建立规范完善了职业病认定程序，确保了职业病人的合法权益。《工伤保险条例》规定了职业病的认定、鉴定程序。针对在具体操作执行过程中，存在一些人为的因素干扰认定工作，而职业病患者作为受益方、申述方，承担着举证责任，在获取相关证据时由于一些不法企业的阻挠往往得不到用人单位的支持，同时由于相关知识的缺失，缺乏保证自己合法权益的手段和能力，影响工伤保险待遇享受的情况。工伤保险制度逐渐完善了相关配套文件的制定，同时加强对用工单位的监督检查；并通过宣传职业病防治、工伤保险政策增强职业病人的法律意识，提高他们维护自身权益的能力。

第二节　不同生产工艺过程中主要职业危害因素

一、铸造作业

铸造可分为手工造型和机械造型两大类。手工造型是指用手工完成紧砂、起模、修整及合箱等主要操作过程，其劳动强度大，劳动者直接接触粉尘、化学毒物和物理性有害因素，职业危害大。机械造型生产效率高，工人劳动强度低，劳动者接触粉尘、化学毒物和物理性有害因素的机会少，职业危害相对较小。

（1）生产性粉尘。铸造车间所用原料（砂、陶土、黏土、煤粉等）均含有游离二氧化硅，在型砂调制、制型、铸件的打箱和清理等过程中会产生大量的砂尘。其中粉尘性质及危害性大小主要决定于型砂的种类，如选用石英砂造型，游离二氧化硅含量较高，危害较大，另外还含有金属蒸气冷凝后的金属微尘和其他颗粒。在合金钢和有色金属熔炼时，作业环境中还会有凝聚气溶胶产生，其中镁、锌、钒、镍和其他许多金属氧化物及其化合物都是剧毒物质。铸工尘肺发病缓慢，初期多无自觉症状，随着病变进展，可出现胸闷、轻微胸痛、咳嗽、咯痰、气短等症状。病变初期肺功能多属正常，以后逐渐出现阻塞性或以阻塞性为主的通气功能障碍。未并发支气管和肺疾病的患者，通气功能障碍一般较轻微。由于砂型制造作业的空气中烟尘较大、劳动姿态不良等原因，常可并发慢性支气管炎和肺气肿。

（2）高温、热辐射。铸造生产的熔化、浇注、落砂工序常散发出大量的热量，在夏天时车间内的温度经常达到 40 摄氏度或更高，使操作者有高温中暑的危险。

铸造车间的加热炉、干燥炉、熔化的金属和铸件都是热源，砂型与砂芯的烘干、熔炼、浇注过程中，均可产生强烈的热辐射，使车间温度升高；若采用高频感应炉或微波炉加热，则存在高频电磁场和微波辐射。除有热辐射危险之外，如果人体直接接触高温设备，还可能造成人员烫伤事故。

（3）有害气体。在熔炼和浇注过程中，若采用煤或煤气做燃料，还会产生一氧化碳、二氧化硫和氮氧化物等；用脲甲醛树脂做型芯黏结剂时，会产生甲醛和氨；蜡型铸造时，则会产生大量的氨。

（4）噪声和振动。铸造车间压力造型时，使用造型机和捣固机，清砂时使用风动工具和砂轮，这些均可产生强烈的噪声和振动。

铸造作业中存在的危险还包括：

火灾、爆炸。在铸造生产的熔炼、浇注和气割等工序中，由于存在明火，很容易产生易燃物质火灾和爆炸危险。

机械伤害。铸造车间使用的各种机械比较多，其传动机构都是危险部位。另外，铸造车间的物料运输量大、使用的起重运输设备多、运输路线复杂，往往是多层交叉运行，因此在运输过程中容易发生机械伤害和物体打击事故。

二、锻造作业

（1）高温和热辐射。旧式或中小型锻造车间的锻炉，常是敞开式的，温度可达800~900摄氏度，加热炉温度高达1 200摄氏度，锻件温度也为500~800摄氏度，通过辐射和对流，可将热辐射到整个车间内。应用加热炉时，当投入或取出锻件时，炉子附近的气温可达35~45摄氏度，热辐射也很强。锻造车间的加热设备、炽热的锻坯与锻件均易造成人员灼伤，并使车间温度升高，特别是在炎热的夏季，操作者易因出汗过多而虚脱和中暑。

（2）有害气体。锻造炉、锻锤工序中加料、出炉、锻造过程可产生金属粉尘、煤尘等，尤以燃料工业窑炉污染最为严重。锻造车间的空气，常会被锻炉或加热炉产生的一氧化碳、二氧化硫、氮氧化物等污染。

（3）噪声与振动。锻锤（空气锤和压力锤）可产生强烈噪声和振动，一般为脉冲式噪声，强度一般超过100分贝。在极大的噪声和振动环境下，工龄较长的工人可能会因此而患上职业性耳聋疾病。冲床、剪床也可产生高强度噪声，但强度比锻锤小。另外，体力劳动强度大，如锻坯加热中的进出炉工作，自由锻过程中锻坯的翻转、移动等，也易造成操作者疲劳。

锻造生产中还容易发生火灾、烧伤、烫伤、触电及机械损伤，或由机器、工具、工件直接造成的刮伤、碰伤、砸伤、击伤等事故，而且一旦发生，后果可能非常严重。

三、金属切削加工

金属切削机械的危险主要来自它们的刀具、转动件，以及加工过程中飞出的高温、高速的金属切屑或刀具破碎飞出的碎片等，此外还有非机械方面的危害，如电、噪声、振动及粉尘等。

（1）刺伤、割伤。造成这种伤害的因素主要有两个：一是加工刀具锋利的刀刃，二是加工件上或毛坯上的毛刺和锐角。操作者如果不小心，就很容易与刀具、工件发生触碰，造成刺伤、割伤。另外，在金属切削时，高速飞溅的切屑很容易刺伤操作者的眼睛、面部等。

（2）绞伤。金属切削机械大都存在旋转部件，当操作者未按要求着装时，容易引发缠绕和绞伤事故，如操作者穿宽松肥大的衣服操作或未将袖口、裤口扎紧，都可能发生缠绕和绞伤事故。

（3）切割和擦伤。金属切削机械高速运动的锐利部分会造成对人体的切割和擦伤事故，如高速旋转的刀具、砂轮等，都可能造成对人体的伤害。

（4）物体打击。高空落物及工件或砂轮高速旋转时沿切线方向飞出的碎片，往复运动的冲床、剪床等，都可使人员受到打击伤害。

（5）烫伤。随着加工切削下来的高温切屑迸溅到人体的暴露部位即可烫伤人体。

（6）触电。由于金属切削设备都属于带电设备，如果设备接地不良，很容易使操作人员触电。

四、木工机械

由于具有刀轴转速高、多刀多刃、手工进料、自动化水平低等特点，加上木工机械切削过程中噪声大、振动大、粉尘大、作业环境差，工人的劳动强度大、易疲劳，操作人员不熟悉木工机械性能和安全操作技术或不按安全操作规程操纵机械、没有安全防护装置或安全防护装置失灵等原因，导致木工机械伤害事故多发。

1. 机械伤害

机械伤害主要包括刀具的切割伤害、木料的冲击伤害、飞出物的打击伤害，这些是木材加工中常见的伤害类型。如由于木工机械多采用手工送料，当用手推压木料送进时，往往遇到节疤、弯曲或其他缺陷，而使手与刀刃接触，造成伤害甚至割断手指；锯切木料时，剖锯后木料向重心稳定的方向运动；木料含水率高、木纹、节疤等缺陷而引起夹锯；在刀具水平分力作用下，木料向侧面弹开；经加压处理变直的弯木料在加工中发生弹性复原；刀具自身有缺陷（如裂纹、强度不够等）；刀具安装不正确，如锯条过紧或刨刀刀刃过高；重新加工有钉子等杂物的废旧木料等。

2. 火灾和爆炸

火灾危险存在于木材加工全过程的各个环节，木工作业场所是防火的重点。悬浮在空间中的木粉尘在一定情况下还会发生爆炸。

3. 木材的生物、化学危害

木材的生物效应分为有毒性、过敏性、生物活性等，可引起许多不同发病症状和过程，例如皮肤症状、视力失调、对呼吸道黏膜的刺激和病变、过敏症状，以及各种混合症状。化学危害是因为木材防腐和粘接时采用了多种化学物质，其中很多会引起中毒、皮炎或损害呼吸道黏膜，甚至诱发癌症。

4. 木粉尘危害

木料加工产生大量的粉尘，小颗粒木尘沉积在鼻腔或肺部，可导致鼻黏膜功能下降，甚至导致肺尘埃沉着症（俗称尘肺病）。

5. 噪声和振动危害

木工机械是高噪声和高振动机械，加工过程中噪声大、振动大，使作业环境恶化，影响职工身心健康。

五、冲压作业

1. 冲压作业主要的危险有害因素

（1）机械切伤手指。冲压作业一般可分为送料、定料、操纵设备完成冲压、出件、清理废料、工作点布置等工序。这些工序因多用人工操作，如用手或脚启动设备，甚至用手直接伸进模具内进行上下料、定料作业。且由于频繁的简单劳动容易引起操作者精神和体力的疲劳而发生误操作，特别是采用脚踏开关的情况下，手脚难以协调，更易做出失误动作，因此，冲压作业中极易发生因动作失误而造成切伤手指的事故。

（2）噪声和振动。在冲压作业中，由于机械的碰撞会产生噪声和振动，直接影响人体健康。

2. 冲压作业各道工序中存在的危险有害因素

冲压作业包括送料、定料、操纵设备完成冲压、出件、清理废料、工作点布置等操作动作。这些动作常常互相联系，不但对制件质量和作业效率有直接影响，操作不正确还会危害人身安全。

（1）送料。将坯料送入模内的操作称为送料。送料操作在滑块即将进入危险区之前进行，所以操作中必须注意安全。如果操作者不需用手在模区内操作，则是安全的，但当进行尾件加工或手持坯件入模送料时，手要伸入模区，一旦操作失误，就具有较大的危险性，因此要特别注意。

（2）定料。将坯料限制在某一固定位置上的操作称为定料。定料操作是在送料操作完成后进行的，它处在滑块即将下行的时刻，因此比送料操作更具有危险性。由于定料的方便程度直接影响到作业的安全，所以决定定料方式时要考虑其安全程度。

（3）操纵。操纵指操作者控制冲压设备动作的方式。常用的操纵方式有两种，即按钮开关和脚踏开关。当单人操作按钮开关时一般不易发生危险，但多人操作时，会因注意不够或配合不当，造成伤害事故，因此，多人作业时必须采取相应的安全措施。脚踏开关虽然容易操作，但也容易引起手脚配合失调，发生失误，造成事故。

（4）出件。出件是指从冲模内取出制件的操作。出件是在滑块回程期间完成的。对行程次数少的冲压机来说，滑块处在安全区内，不易直接伤手；对行程次数较多的开式冲压机，则仍具有较大的危险性。

（5）清除废料。清除废料是指清除模区内的冲压废料。废料是分离工序中不可避免的，如果在操作过程中不能及时清理，就会影响冲压作业正常进行，甚至会出现复冲和叠冲现象，有时也会发生废料、模片飞弹伤人的事故。

六、焊接作业

1. 粉尘

采用电弧焊接时，焊条的焊芯、药皮和金属母材在电弧高温下熔化并经激烈的过热、蒸发、氧化，产生大量的金属氧化物及其他物质的烟尘，呈气溶胶状逸散于空气中。电焊工尘肺发病缓慢，发病工龄一般在 10 年以上范围，一般为 15 ~ 20 年，最短发病工龄为 4 年。

2. 弧光

在焊接过程中，如果未戴焊接眼镜、面罩或佩戴不当，焊接弧光的紫外线、红外线、可见光过度照射会导致眼睛患急性角膜炎，称为电光性眼炎，严重时能导致失明。电光性眼炎常伴有电光性皮炎。电光性皮炎是中国法定职业性皮肤病的一种。一般在无适当的防护措施或防护不严的情况下，于照射后数小时内发病。电焊工容易发生在面部、手背和前臂等暴露部位。电光性皮炎表现为急性皮炎，其反应程度依视光线强弱、照射时间长短而定。轻者表现为界限清楚的水肿性红斑，有灼热、刺痛感、脱皮等症状。重者除上述症状外，可发生水疱或大疱，甚至表皮坏死，疼痛剧烈。

减少在人工紫外线光源下的接触，正确佩戴专门的面罩、防护眼镜以及适宜的防护服和手套等劳保用品，可以降低发病率。按一般急性皮炎的治疗原则，根据病情对症治疗。治疗期间应避免从事接触紫外线的相关工作，加以休息。在治愈后，在加强防护条件下可以从事原工作。

3. 有害气体

在焊接电弧高温下会产生臭氧、一氧化氮、二氧化氮及一氧化碳等有害气体。在焊接过程中，焊工要经常接触易燃易爆气体、压力容器，很容易在焊接现场引起火灾和爆炸。另外，焊接过程中用到的氧气、乙炔等气体，是助燃和易燃物质，如遇明火，也容易引发火灾和爆炸。

4. 放射性物质

氩弧焊和等离子弧焊接、切割使用的钍钨极是天然的放射性物质。从实际检测结果可以认为，焊接、切割时产生的放射性剂量对焊工健康尚不足以造成损害。但钍钨极磨尖时放射性剂量超过卫生标准，大批存放钍钨极应采取相应的防护措施。人体长时间受放射线照射，或放射性物质进入并积蓄在体内，可造成中枢神经系统、造血器官和消化系统的疾病。

5. 高频电磁场

非熔化极氩弧焊和等离子弧焊接、切割等，采用高频振荡器来激发引弧，因而在引弧瞬间（2～3 秒）有高频电磁场存在。电焊振荡器所产生的高频电磁场，会引起头晕、头痛、疲乏无力、记忆力减退、心悸、胸闷和消瘦等症状。此外，在不停电更换焊条时，高频电磁场会使焊工产生一定的麻电感觉，这在高处作业时是很危险的。

七、电镀与喷涂作业

1. 电镀工艺的主要危害因素

（1）镀前处理中的去油、除锈作业，常用到汽油、煤油、乙醇、三氯乙烯、氢氧化钠、盐酸、硫酸、硝酸等化学物质，其中一些化学物质对人体有害。

（2）电镀时，会出现各种金属盐的酸雾、氰化氢等。

（3）当进行出光、钝化时，多把镀件放在酸液中处理，故酸液易溅于皮肤。

2. 喷涂工艺的主要危害因素

由于喷涂作业中涂料的溶剂含量比较大，而且喷涂作业要求涂料干燥快，因此，所用溶剂的沸点低，容易挥发，当这些易燃液体的蒸气大量扩散在空气中，与空气混合达到一定浓度后，遇火便会发生燃烧爆炸。

其次，由于喷涂溶剂中含有苯，苯主要以蒸气形式通过呼吸道进入人体，皮肤可吸收少量。进入体内的苯主要分布在富于脂肪的组织中，如骨髓和神经系统。

（1）急性苯中毒：短时间吸入大量苯蒸气可致急性苯中毒。主要表现为中枢神经系统的症状。轻者有头晕、头痛、兴奋、步态蹒跚，随之出现恶心、呕吐、神志恍惚，呈醉酒状。重者可出现昏迷、抽搐、脉细、呼吸浅表、血压下降等，可因呼吸和循环衰竭死亡。

（2）慢性苯中毒：长期接触低浓度苯可引起的慢性苯中毒，主要表现为对神经系统、造血功能和皮肤的影响。神经系统最常见的是类神经症，患者有头晕、头痛、失眠、乏力、记忆力减退等，少数患者有心悸、心动过速或过缓、皮肤划痕症阳性等自主神经功能紊乱的表现，个别晚期病例有四肢末端麻木和痛觉减退等。造血功能异常是慢性苯中毒的主要特征，主要表现为中性粒细胞减少，而淋巴细胞相对增多。粒细胞胞浆出现中毒颗粒、空泡。同时或稍晚血小板也减少，患者出现出血倾向。晚期全血细胞均减少，发生再生障碍性贫血。少数病例可发生白血病。经常接触苯，皮肤可因脱脂而变干燥、脱屑以致皲裂，有的出现过敏性湿疹。

八、热处理

热处理工艺主要是使零部件在不改变外形的条件下，改变金属的性质（硬度、韧度、弹性、导电性等），达到工艺上所要求的性能。热处理包括正火、淬火、退火、回火和渗碳等基本过程。热处理可分为普通热处理、表面热处理（包括表面淬火和化学热处理）和特殊热处理等。

有毒气体：热处理工序要用到种类繁多的辅助材料，如酸、碱、金属盐、硝盐及氰盐等。这些辅料一般都具有腐蚀性和毒性。如氯化钡作为加热介质，工艺温度达 1 300 摄氏度时，氯化钡大量蒸发，产生氯化钡烟尘污染车间空气；氯化工艺过程中有大量氨气排放到车间空气中；渗碳、氰化等工艺过程使用的氰化盐（亚铁氰化钾等）毒性很大；盐浴炉中熔融的硝盐与工件的油污作用会产生氮氧化物。

此外，热处理过程经常使用甲醇、乙醇、丙烷、丙酮和汽油等有机溶剂。

热处理工序都是在高温条件下进行的，车间内各种加热炉、盐浴槽和被加热的工作都是热源。这些热源可造成高温与强热辐射的工作环境。各种电动机、风机、工业泵和机械运转设备均可产生噪声与振动。但多数热处理车间噪声强度不大，噪声超标现象较少见。

第三节 工业毒物的危害及防护措施

一、工业毒物的产生和进入人体途径

在生产过程中使用或产生的各种对人体有害的化学毒物称为工业毒物。工业毒物可能存在于生产过程的各个环节，生产中的原料、辅料、半成品、成品、副产品、废弃物等，都可能是工业毒物的来源。

毒物进入人体的途径主要有两种。

呼吸道：是化学生产环境中有毒物质进入人体的主要途径。自鼻咽腔至肺泡，整个呼吸道的隔膜都能不同程度地吸收有毒气体、蒸汽和烟尘。但主要的吸收部位是细支气管和肺泡，以肺泡为主，接触面很大（50~100平方米），肺泡周围又布满毛细血管，能很快地经过毛细血管直接进入血液循环，从而散布到全身。这条途径不经过肝脏进行过滤，因此具有很大的危险性。

皮肤：毒物经过完整的皮肤，经毛囊空间到达皮肤腺体细胞而被吸收，一小部分则通过汗腺进入人体。这条途径也不经过肝脏而直接进入血液循环散布全身，危险性也较大。

二、工业毒物的危害

1. 毒物对人体的危害

工业毒物可经皮肤、呼吸道或消化道进入人体，损害几乎所有的人体组织和器官，导致多种疾病甚至造成急性中毒死亡，而且有些可产生遗传后果。

神经系统：慢性中毒早期常见神经衰弱综合征和精神症状，一般为功能性改变，脱离接触后可逐渐恢复，铅、锰中毒可损伤运动神经、感觉神经，引起周围神经炎。震颤常见于锰中毒后遗症或急性一氧化碳中毒后遗症。重症中毒时可引发脑水肿。

呼吸系统：一次吸入某些气体可引起窒息，长期吸入刺激性气体能引起慢性呼吸道炎症，可出现鼻炎、咽炎、气管炎等上呼吸道炎症。吸入大量刺激性气体可引起严重的呼吸道病变，如化学性肺水肿和肺炎。

血液系统：许多毒物对血液系统能够造成损害。根据不同的毒物作用，常表现为贫血、出血、溶血、高铁血红蛋白以及白血病等。铅可引起低血色素贫血。苯及三硝基甲苯等毒物可抑制骨髓的造血功能，表现为白细胞和血小板减少，严重者可发展为再生障碍性贫血。一氧化碳与血液中的血红蛋白结合可形成碳氧血红蛋白，使组织缺氧。

消化系统：汞盐、砷等毒物经口腔进入人体时，可出现腹痛、恶心、呕吐与出血性肠胃炎。铅及铊中毒时，可出现剧烈、持续性的腹绞痛，并有口腔溃疡、牙龈肿胀、牙齿松动等症状。长期吸入酸雾，可导致牙釉质破坏、脱落，称为酸蚀症。吸入大量氟气，牙齿上将会出现棕色斑点，牙质脆弱，称为氟斑牙。许多损害肝脏的毒物如四氯化碳、溴苯、三硝基甲苯等，可引起急性或慢性肝病。

泌尿系统：汞、铀、砷化氢、乙二醇等可引起中毒性肾病。如急性肾功能衰竭、肾病综合征和肾小管综合征等。

其他：生产性毒物还可引起皮肤、眼睛、骨骼病变。许多化学物质可引起接触性皮炎、毛囊炎。接触铬、铍的工人，皮肤易发生溃疡。如长期接触焦油、沥青、砷等可引起皮肤黑变病，并可诱发皮肤癌。酸、碱等腐蚀性化学物质可引起刺激性眼炎，严重者可引起化学性灼伤。溴甲烷、有机汞、甲醇等中毒，可导致视神经萎缩，以致失明。有些工业毒物还可诱发白内障。

2. 职业中毒的类型

在劳动生产过程中，由于接触工业毒物而引起的中毒称为职业中毒。

按接触毒物时间的长短、剂量大小和发病缓急，职业中毒表现为急性、亚急性和慢性3种类型。

急性中毒：短时间内大量毒物侵入人体引起的中毒称为急性中毒。

亚急性中毒：介于急性中毒和慢性中毒之间，在较短时间内吸收较大剂量毒物引起的中毒称为亚急性中毒。

慢性中毒：长期吸收小剂量毒物引起的中毒称为慢性中毒。

机械制造行业常见的职业中毒包括：

一氧化碳中毒。熔炼金属过程中，可发生一氧化碳中毒。

苯中毒。喷涂所使用的油漆中含有苯，如果通风不良或无吸尘吸毒装置，容易造成苯中毒。

三、预防措施

（1）消除毒物。从生产工艺流程中消灭有毒物质，用无毒物或低毒物代替有毒原料，改革可能产生有害因素的工艺过程，改造技术设备，实现生产的密闭化、连续化、机械化和自动化，使作业人员脱离或减少直接接触有害物质的机会。

（2）密闭、隔离有害物质污染源，控制有害物质逸散。对逸散到作业场所的有害物质采取通风措施，控制有害物质的飞扬、扩散。

（3）加强个人防护。在存在有毒有害物质的作业场所作业，应使用防护服、防护面具、防毒面罩、防尘口罩等个人防护用品及用具。

（4）提高机体抗御力。对于在有害物质作业场所作业的人员，应享受必要的保健待遇，并且作业人员应加强营养和锻炼。

（5）加强对有害物质的监测，控制有害物质的最高浓度，使其低于国家有关标准。

（6）对接触有害物质的人员定期进行健康检查。必要时实行转岗、换岗作业。

（7）加强对有毒有害物质及预防措施的宣传教育。建立健全安全生产责任制、卫生责任制和岗位责任制。

第四节　粉尘的危害及防护措施

粉尘是长时间漂浮于空气中的固体颗粒。在生产过程中产生的粉尘称为生产性粉尘。

生产性粉尘的种类繁多，理化性状不同，对人体的危害性质和程度也多种多样。就其病理性质而言可概括为：全身中毒性，例如铅、锰、砷的化合物等粉尘；局部刺激性，例如生石灰、漂白粉、水泥、烟草等粉尘；变态反应性，例如大麻、面粉、羽毛、锌烟等粉尘；光感应性，例如沥青粉尘；感染性，例如破烂布屑、兽毛、谷粒等粉尘有时带有病原菌；致癌性，例如铬、镍、砷、石棉及某些光感应性和放射性物质的粉尘；尘肺，例如煤尘、矽尘、硅酸盐尘。

一、粉尘的产生

在机械制造生产过程中，产生粉尘的作业很多，主要有型砂调制、制型、铸件打箱和清理作业，机加工的打磨作业，焊接作业，煤传输和加热作业。

生产准备的阶段：锅炉的制煤气司炉、出灰、修炉作业；固体燃料粉碎、输送；木料加工、木型制作过程中打磨和可能产生木尘的作业；磨料制造作业（如砂轮、油石、砂布）的炼制、粉碎、精筛、包装、砂布置砂作业；焊材生产工艺的涂装作业；电瓷（绝缘体）工艺的陶工作业等。

制坯成形阶段：金属原材料气、电切割作业；铸造过程中的型砂处理（包括输送、回收、碾砂、混砂、筛砂等）、造型、熔炼、浇注、落砂及铸件清砂浇口打磨、吹扫作业；有色压铸作业，熔模作业，粉末冶金压制作业等。

零部件加工阶段：铸件的高速精车、铰车及其他干式机械切削作业，金属构件及工具砂轮磨削、砂轮打磨、砂轮切割、焊缝打磨作业。

金属表面处理：金属喷砂、模具喷砂、镀件喷砂、石英打磨、抛光、抛丸、除油除锈、喷砂除糙作业。

焊接切割：手工电弧焊、气体保护焊、氩弧焊、碳弧焊、气焊、碳弧气刨等作业以及汽车装配阶段的焊装作业等。

二、粉尘的危害

1. 对人体的危害

粉尘对机体影响最大的是呼吸系统损害，可能导致的疾病包括上呼吸道炎症、肺炎（如锰尘）、肺肉芽肿（如铰尘）、肺癌（如石棉尘、砷尘）、尘肺（如二氧化硅尘）以及其他职业性肺部疾病等。

长期接触生产性粉尘的作业人员，因长期吸入粉尘，使肺内粉尘的积累逐渐增多，当达到一定数量时即可引发尘肺病。尘肺是生产性粉尘对人体最主要的危害之一，长期吸入游离二氧化硅粉尘可引发矽肺，长期吸入金属性粉尘如锰尘等，可引发锰肺等各种金属肺；长期接触生产性粉尘还可引发鼻炎、咽炎、支气管炎等呼吸道疾病以及皮肤黏膜损害、皮疹、皮炎、结膜炎。吸入有害物质粉尘还可引起急性或慢性职业中毒，例如焊接作业长期吸入锰尘，可引发锰中毒，铅熔炼作业人员易引发铅中毒等。

2. 对生产的危害

作业场所空气中的粉尘附着于高级、精密的仪器、仪表，可使这些设备的精确度下降；附着于机器设备的传动、运转部位，会使磨损加剧，使设备使用寿命缩短；粉尘可以使某些化工产品、机械产品、电子产品，如油漆、胶片、微型轴承、电动机、集成电路等质量下降；使人在生产过程中视线受影响，降低工作效率。

3. 对环境的危害

漂浮于空气中的粉尘可使其他有害物质附着其上，形成严重的大气污染。被生物体吸入可引起各种疾病；文物、古迹、建筑物表面会被腐蚀、污染。另外，大量粉尘悬浮于空气中，可降低大气的可见度，促使烟雾形成，使太阳的热辐射受到影响。

4. 对经济效益的影响

主要表现为使产品质量降低，产品合格率降低；因机器、设备使用寿命缩短，使固定资产投入增加，产品成本上升，市场竞争力减弱；使因粉尘而导致的职业病病人丧失工作能力，医药费用、护理费用、保健福利性费用支出增加；在高浓度粉尘作业场所工作，操作者对健康的担心会使心理负担加重，使之比正常情况下较早地失去工作能力，使企业培养技术人员周期加快，培训费用投入增大，同时造成劳动生产率的不稳定。

三、防尘措施

应对工艺、工艺设备、物料、操作条件及方式、职业健康防护设施、个人防护用品等技术措施进行优化、组合，采取综合治理。

（1）消除或减弱粉尘发生源：在工艺和物料方面选用不产生粉尘的工艺，选用无危害或少危害的物料，是消除或减弱粉尘危害的根本途径，即通过工艺和物料选用消除粉尘发生源。例如用树脂砂替代铸造型砂，用湿法生产工艺代替干法生产工艺（如水磨代替干磨，水力清理、电液压清理代替机械清理，使用水雾电弧焊刨等）。

（2）限制、抑制粉尘和粉尘扩散：采取密闭管道输送、密闭设备加工，或在不妨碍操作条件下，也可采取半封闭、屏蔽、隔离设施，防止粉尘外逸或将粉尘限制在局部范围内减少扩散；降低物料落差，减少扬尘，对亲水性、弱粘性物料和粉尘应尽量采取增湿、喷雾、喷蒸汽等措施，减少在运输、碾碎、筛分、混合和清理过程中粉尘扩散。

（3）通风排尘：通风排尘依据作业场所及环境状况分全面机械通风和局部机械通风。通风换气是把清洁新鲜空气不断地送入工作场所，将空气中的粉尘浓度进行稀释，并将污染的空气排出室外，使作业场所的有害粉尘稀释到相应的最高容许浓度。在通风排气过程中，含有有害物质的气流不应通过作业人员的呼吸带。

（4）增设吸尘净化设备：依据粉尘的性质、浓度、分散度和发生量，采用相应的除尘、净化设备消除和净化空气中的粉尘，并防止二次扬尘。

（5）个人防护：依据粉尘对人体的危害方式和伤害途径，进行针对性的个人防护：一是切断粉尘进入呼吸系统的途径，依据不同性质的粉尘，佩戴不同类型的防尘口罩、呼吸器（对某些有毒粉尘还应佩戴防毒面具）；二是阻隔粉尘与皮肤的接触，正确穿戴工作服（有的还需要穿连裤、连帽的工作服）、头盔（人体头部是汗腺、皮脂防和毛囊较集中的部位）、眼镜等；三是禁止在粉尘作业现场进食、抽烟、饮水等。

第五节　噪声的危害及防护措施

噪声对人体也会产生危害，员工在生产作业过程中会受到生产性噪声的侵害。因此，掌握一些噪声的知识有利于保障员工的健康。在生产中，由于机器转动、气体排放、工件撞击与摩擦等所产生的噪声称为生产性噪声。

一、工业噪声的产生和分类

工业噪声又称为生产性噪声，这是对人员的影响最严重、涉及面最广泛的噪声。根据其产生的原因和方式不同，分为以下几种。

（1）机械性噪声：由于机械的撞击、摩擦、固体的振动和转动而产生的噪声，如电锯、机床启动时所发出的声音。

（2）空气动力性噪声：这是由于空气振动而产生的噪声，如通风机、空气压缩机、喷射器、锅炉排气放空等产生的声音。

（3）电磁性噪声：由于电动机中交变力相互作用而产生的噪声，如发电机、变压器等发出的声音。

机械制造企业生产中产生噪声的主要场所是铸造车间、锻造车间、打磨车间、冲压车间等，这些车间的噪声一般都比较高，超过了 85 分贝。如果不采取隔声、消声技术措施将岗位噪声强度降到 85 分贝，作业人员不佩戴护听器，长时间就会导致听力下降，严重者会产生职业性耳聋。

二、噪声的危害

噪声对人的听觉器官有不良影响，对人体中枢神经系统也是一种强烈的刺激，能引起机能障碍，并通过神经系统作用于全身的其他器官，尤其是心血管系统和听觉器官。人类理想环境中的声压应该是 15 ~ 35 分贝，超过 60 分贝，就会使人感到烦躁、精神紧张、易于疲劳而降低工作效率；当长期受到 80 分贝强噪声刺激时，不仅会使听力减退，甚至会导致耳聋，对有些人还会引起睡眠不良，心血管功能障碍和产生头痛、耳鸣等神经性症状；在 110 分贝以上噪声环境中，即使暴露时间不太久，也可能导致永久性耳聋；如达到 140 分贝，有的人可能发生脑溢血或心脏停跳等症状，甚至死亡。具体危害表现为以下三点：

损害听觉。短时间暴露在噪声中，可引起以听力减弱、听觉灵敏性下降为主要表现特征的听觉疲劳。长期在高强度噪声环境中作业，可引起永久性耳聋。

引起各种病症。长时间接触高强度噪声，除会引起职业性耳聋外，还可引发消化不良、食欲不振、恶心、呕吐、头痛、心跳加快、血压升高、失眠等全身性病症。

引起事故。强烈噪声可导致某些机器、设备、仪表的损坏或精度下降；在某些场所，强烈的噪声可掩盖警告声响，引起设备损坏或人员伤亡事故。

三、预防噪声危害的措施

（1）消声控制和消除噪声源是控制和消除噪声的根本措施，改革工艺过程和生产设备，以低声、无声设备或工艺代替产生强噪声的设备和工艺，使噪声源远离工人作业区和居民区均是控制噪声的有效手段。

（2）控制噪声的传播。用吸声材料、吸声结构和吸声装置将噪声源封闭，防止噪声传播，常用的吸声装置有隔声墙、隔声罩、隔声地板、隔声门窗等。用吸声材料铺装室内墙壁或悬挂于室内空间，可以吸收辐射和反射的声能，降低传播中噪声的强度。常用的吸声材料有玻璃棉、矿渣棉、毛毡、泡沫塑料、棉絮等。合理规划厂区、厂房，在产生强烈噪声的作业场所周围，应设置良好的绿化防护带，车间墙壁、顶面、地面等应设吸声材料。

（3）采取合理的防护措施。合理使用耳塞，根据耳道大小选择合适的耳塞，可使噪声声级降低 30 ~ 40 分贝，对高频噪声的阻隔效果更好。合理安排工作时间，在工作中穿插休息时间，在休息时间离开噪声环境，限制噪声环境中的工作时间，均可减轻噪声对人体的危害。

（4）采取合理的卫生保健措施。接触噪声的人员应进行定期体检。以听力检查为重点，对于已出现听力下降者，应加以治疗和观察，重患者应调离原工作岗位。就业前体检或定期体检中发现有明显的听觉器官疾病、心血管病、神经系统器管性疾病者，不得参加需接触强烈噪声的工作。

第六节　振动的危害及防护措施

在生产过程中，按振动作用于人体的方式，可将其分为局部振动和全身振动。一些工种所受的振动以局部振动为主，一些工种所受的振动以全身振动为主，有些工种作业则同时受两种振动的作用。局部振动是生产中最常见和危害性较大的振动。

一、生产性振动的产生

在生产过程中，由于设备运转、撞击或运输工具行驶等产生的振动称为生产性振动。

生产过程中经常接触的振动源有两类：捶打工具，如锻造机、冲压机、空气锤等；电动工具，如电钻、冲击钻、砂轮、电锤等。

影响振动作用的因素有：①振动特性，如频率、振幅、加速度。②接振时间。③环境条件。④体位和姿势。⑤冲击力和静力紧张。

二、振动源的危害

局部振动对机体的影响：神经系统，表现为大脑皮层功能下降，条件反射潜伏期延长或缩短，皮肤感觉迟钝，触觉、温热觉、痛觉、振动觉功能下降等；心血管系统，出现心动过缓、窦性心律不齐、传导阻滞等病症；肌肉系统，出现握力下降、肌肉萎缩、肌纤维颤动和疼痛等症状；骨组织，可引起骨骼和关节改变，出现骨质增生、骨质疏松、关节变形、骨硬化等病症；听觉器官，表现为听力损失和语言能力下降。

振动可能引起的职业病主要是手臂振动病。手臂振动病是长期从事手传振动作业而引起的、以手部末梢循环和(或)手臂神经功能障碍为主的疾病，并能引起手臂骨关节及肌肉的损伤。其典型表现为振动性白指，又称为“雷诺氏综合征”。

全身振动常引起足部周围神经和血管变化，出现足痛、易疲劳、腿部肌肉触痛等病症。还常引起脸色苍白、出冷汗、恶心、呕吐、头痛、头晕、食欲不振、胃机能障碍、肠蠕动不正常等病症。

三、防止振动危害的措施

1．局部振动的减振措施

改革工艺，用液压机、焊接和高分子粘连工艺代替铆接工艺，用液压机代替锻压机等可以大大减少振动的发生源。改革工作制度，专人专机，合理使用减振劳动防护用品。建立合理的劳动制度，限制作业人员每日接触振动的时间。

2. 全身振动的减振措施

在有可能产生较大振动设备的周围设置隔离地沟，衬以橡胶、软木等减振材料，以确保振动不外传。

对振动源采取减振措施，如用弹簧等减振阻尼器减小振动的传递距离；给汽车等运输工具的座椅加泡沫垫等减弱运行中由各种振源传来的振动。

利用尼龙机件代替金属机件，可降低机器的振动。

及时检修机器，可以防止因零件松动而引起的振动，消除机器运行中的空气流和涡流等也可减小振动。

第七节 高温的危害及防护措施

工作地点气温在30摄氏度以上、相对湿度为80%以上的作业，或工作地点气温高于夏季室外通风气温2摄氏度以上，且伴有强烈热辐射的作业，均属于高温作业。

一、高温作业的产生

在机械制造行业的某些生产工艺中，由于需要提供热源才能生产，因此产生了高温作业。高温作业使人体产生一系列的生理改变，当机体获热与产热大于散热时体温升高，因大量出汗造成机体严重缺水和缺盐、心脏负荷加重、心率增加、血压下降、食欲减退、消化不良，严重时还可导致中暑。

产生高温的作业场所有铸造车间、锻造车间、热处理车间等。

二、高温作业的危害

对生理功能的影响包括以下几个方面。

循环系统：高温作业时，皮肤血管扩张，大量出汗使血液浓缩，易使心脏活动增加、心跳加快、血压升高、心血管负担增加。

消化系统：高温对唾液分泌有抑制作用，并可使胃液分泌减少，胃蠕动减慢，造成食欲不振；大量出汗和氯化物的丧失，也可使胃液酸度降低，易造成消化不良；此外，高温可使小肠的运动减慢，导致其他胃肠道疾病。

泌尿系统：高温下，人体的大部分体液由汗腺排出，从而使尿液浓缩，肾脏负担加重。

神经系统：在高温及热辐射作用下，肌肉的工作能力下降，动作的准确性、协调性、反应速度及注意力均会降低。

体温调节：高温作业的气象条件、劳动强度、劳动时间及人体的健康状况等因素，对体温调节都有影响。

水盐代谢：高温作业时，排汗显著增加，可导致机体损失水分、氯化钠、钾、钙、镁、维生素等，如不及时补充，可导致机体严重脱水、循环衰竭、热痉挛等。

三、防高温危害的措施

1. 宣传教育

教育员工遵守高温作业安全规程和卫生保健制度。

2. 制定合理的劳动休息制度

高温下作业应尽量缩短工作时间，可采取小换班、增加工作休息次数、延长午休时间等方法。休息地点应远离热源，并应备有清凉饮料、风扇、洗澡设备等。有条件的可在休息室安装空调或采取其他防暑降温措施。

3. 改革工艺过程

合理设计或改革生产工艺过程，改进生产设备和操作方法，尽量实现机械化、自动化、仪表控制，消除高温和热辐射对人的危害。

4. 隔热

以水隔热效果最好，能最大限度地吸收辐射热。利用石棉、玻璃纤维等导热系数小的材料包敷热源也有较好的隔热效果。

5. 通风

利用自然通风或机械通风的方法，交换车间内外的空气。

6. 加强个人防护

高温作业的工作服应结实、耐热、宽大、便于操作，应按不同作业需要，及时供给工作帽、防护眼镜、隔热面罩、隔热靴等。

7．体检

高温作业人员应进行就业前和入暑前体检，凡患有心血管疾病、高血压、溃疡病、肺气肿、肝病、肾病等疾病的人员不宜从事高温作业。

8．饮食

高温环境下作业，能量消耗增加，应相应地增加蛋白质、热量、维生素等的摄入，以减轻疲劳，提高工作效率。一般来说，高温作业人员每人每天至少应补充水分5升左右，补充食盐15～25克（食物中含的盐在内）。可以经常喝一些盐开水，每500克水中加食盐1克左右为宜，还可以喝盐茶水、咸绿豆汤、咸菜汤和含盐汽水等。饮水原则是多次少量，每次饮一两茶杯为好，不要喝得过多过快，这样可减少汗液排出，有利于增加饮食。

第四章　劳动防护用品管理及使用

第一节　劳动防护用品的管理

一、劳动防护用品的概念

劳动防护用品是指生产经营单位为从业人员配备的，使其在劳动过程中免受或者减轻事故伤害及职业危害的防护用品。

使用劳动防护用品，遵守劳动防护法规，是预防尘、毒、噪声、辐射、触电、爆炸、烧烫、腐蚀、打击、坠落、挤辗和刺割等急性、慢性危害或工伤事故，预防职业病和职业中毒事故发生的重要措施之一。

劳动保护的根本性措施是改善劳动条件，采取有效的安全、卫生技术措施。当劳动安全、卫生技术措施不能消除生产劳动过程中的危险和有害因素，或在劳动条件差、危害程度高、集体防护措施起不到防护作用的情况下，劳动防护用品会成为劳动保护的主要措施。

劳动防护用品的主要作用原理有以下两方面：

1. 隔离和屏蔽作用

隔离和屏蔽作用是指使用一定的隔离或屏蔽体使人体免受有害因素的侵害。例如，戴耐酸碱手套操作酸碱溶液，手套起到隔离手与酸碱溶液的作用，防止手部皮肤受到酸碱溶液刺激而造成皮炎。

2. 过滤和吸附作用

过滤和吸附（收）作用是指借助防护用品中某些聚合物对空气中的有毒有害物质进行过劳动防护用品管理和使用知识滤和吸附，以洗涤空气。例如过滤式防毒面具、防尘口罩等，就是利用过滤和吸附作用对空气进行洗涤，以保证进入佩戴者呼吸系统的是清洁的空气。

工作中一旦发生事故，劳动防护用品便可以起到保护人体的目的。对于大多数作业，当对人体的伤害在劳动防护用品的安全限度以内时，各种防护用品具有消除或减轻事故的作用。为此，防护用品必须严格保证质量、确保安全可靠，而且穿戴要舒适方便，不影响工效，还应经济耐用。

劳动防护用品有一个很大的局限性，就是不能从源头消除危害，当防护用品失效，而又未被察觉时，风险就会大大增加。因此，只有在其他防护措施无法实施时，才可把劳动防护用品作为唯一消除和减轻事故的方法。因为没有一种劳动防护用品能在100%的时间内做到100%有效（所具有的防护作用是有一定限度的），而且使用不当及使用错误的事时有发生，因此，使用劳动防护用品时要恰当选择，并了解其使用条件及应用范围。对使用劳动防护用品的工人，要进行相关的培训。

二、劳动防护用品的分类

劳动防护用品分为特种劳动防护用品和一般劳动防护用品。

我国最常用的是按照对人体的防护部位来分类，分为以下9类劳动防护用品。

1. 头部防护用品

头部防护用品是指用于保护头部，防止撞击、挤压伤害的护具。主要有塑料安全帽、玻璃钢安全帽等。

2. 呼吸防护用品

呼吸防护用品按照防护用途分为防尘、防毒和供氧三类；按作用原理分为过滤式、供气式两类。呼吸防护用品是预防肺尘埃沉着症和职业中毒等职业病的重要护具，主要有自吸过滤式防尘口罩、过滤式防毒面具、空气呼吸器等。

3. 眼（面）防护用品

眼（面）防护用品用于保护作业人员的眼（面）部，防止异物、紫外线、电磁辐射、酸碱溶液的伤害。主要有焊接护目镜和面罩、炉窑护目镜和面罩、防冲击护目镜和面罩、防微波眼镜、防X射线眼镜、防化学（酸碱）眼罩。

4. 听力防护用品

听力防护用品是降低噪声、保护听力的有效措施，主要有耳塞、耳罩和防噪声帽等。

5. 手（臂）防护用品

防护手套用于保护手和手臂。主要有机械危害防护手套、耐酸（碱）手套、电绝缘手套、焊工手套、防X射线手套、森林防火手套及各种套袖等。

6. 足部防护用品

足部防护用品用于保护足部免受各种伤害。主要有职业鞋、防护鞋、安全鞋、电绝缘鞋、耐化学品的工业用模压塑料（橡胶）靴、矿工防护鞋、护腿以及防护鞋罩等。

7. 躯体类防护用品

防护服用于保护劳动者躯体免受作业环境的物理、化学和生物因素的伤害，分为特殊防护服和一般防护服两类。特殊防护服有阻燃防护服、防静电工作服、酸碱类化学品防护服、带电作业屏蔽服、防X射线工作服、防寒服、防水服、防微波服等。

8. 皮肤类防护用品

皮肤类防护用品用于保护劳动者裸露的皮肤。这类防护用品分为护肤膏和洗涤剂，前者在整个劳动过程中使用，后者在皮肤受到污染后使用。

9. 坠落防护用品

坠落防护用品用来保护高空作业人员，防止坠落事故的发生。这类防护用品主要包括安全带和安全网两类。安全带分为围杆作业安全带、区域限制安全带和坠落悬挂安全带三类。安全网分为平网、立网两类。

三、劳动防护用品的管理

1. 特种劳动防护用品与安全标志管理

特种劳动防护用品目录如下：

（1）头部防护类：安全帽。

（2）呼吸防护类：过滤式防毒面具，长管面具，自给开路式压缩空气呼吸器，自吸过滤式防颗粒物呼吸器。

（3）眼（面）防护类：焊接眼面护具，防冲击眼护具。

(4) 防护服类：阻燃防护服，防静电工作服，防静电毛针织服。

(5) 防护鞋靴类：防静电鞋，导电鞋，保护足趾安全鞋，防刺穿鞋，电绝缘鞋，胶面防砸安全靴，耐酸碱皮鞋，耐酸碱胶靴，耐酸碱塑料模压靴，耐化学品的工业用橡胶靴，耐化学品的工业塑料模压靴，耐油防护鞋，耐热鞋，防水鞋。

(6) 防坠落类：安全带，安全网，密目式安全立网。

(7) 防护手套类：耐酸（碱）手套，带电作业用绝缘手套，耐油手套。

根据国家规定，大多特种劳动防护用品适用于安全标志认证制度和工业产品生产许可制度。特种劳动防护用品安全标志是确认特种劳动防护用品安全防护性能符合国家标准、行业标准，准许生产经营单位配发和使用该劳动防护用品的凭证。安全标志不仅有体现特种劳动防护用品安全防护性能符合要求的功能，也是特种劳动防护用品进入市场的一张通行证。特种劳动防护用品安全标志由图形和特种劳动防护用品安全标志编号构成。

实行安全标志管理的产品共 6 大类。

头部护具类：安全帽。

呼吸护具类：①自吸过滤式防颗粒物呼吸器。②自吸过滤式防毒面具。③自给开路式压缩空气呼吸器。④长管呼吸器。

眼（面）护具类：①焊接防护具。②防冲击眼护具。

防护服类：①阻燃服。②酸碱类化学品防护服。③防静电服。④防静电毛针织服。

防护鞋类：①保护足趾安全鞋/防护鞋。②防静电鞋。③导电鞋。④防刺穿鞋。⑤电绝缘鞋。⑥耐酸碱皮鞋。⑦耐化学品的工业用模压塑料靴。⑧耐化学品的工业用橡胶靴。

防坠落护具类：①安全带。②安全网。③密目安全立网。④速差自控器。⑤自锁器。

2. 劳动防护用品的生产

对于已颁布国家标准的劳动防护用品，企业必须严格按照国家标准组织生产，生产的产品必须向劳动防护用品检验站申请产品合格证。产品出厂前应自行检查，并抽取一定比例的产品送交劳动防护用品检验站进行检验，领取产品检验证。产品出厂时必须具有产品检验证，并有制造日期和产品说明书。商业经销单位收购、经销的劳动防护用品要符合国家标准，并且有产品检验证。

任何单位或个人不得生产和销售无证产品，生产和销售无证产品的企业或个人，视情节轻重追究其行政责任。

3. 劳动防护用品的选用和采购

劳动防护用品使用单位应到劳动防护用品定点经营单位或劳动防护用品定点生产厂家购买劳动防护用品。为保证劳动防护用品的质量，购买时除应注意以下四个方面的要求外，所购买的劳动防护用品还必须经本单位的安全技术部门验收合格后才能使用。

（1）使用单位应购置、选用符合国家标准并具有产品检验证的劳动防护用品。

（2）购置、选用的劳动防护用品必须具有产品合格证。

（3）购置、选用的特种劳动防护用品必须具有安全标志。

（4）根据工作环境有害因素的特性和危险隐患的类型及劳动强度等因素选择有效的防护用品。

此外，使用单位必须建立劳动防护用品定期检查和失效报废制度。

4. 劳动防护用品的发放

企业是使用劳动防护用品的单位，要建立购买、验收、保管、发放、使用、更新和报废等管理制度，教育劳动者正确使用、穿、戴劳动防护用品，以保障劳动者的安全健康。

（1）发放职工个人劳动防护用品是保证劳动者安全健康的一种预防性辅助措施，要与生活福利待遇相区别。

（2）根据安全生产、防止职业伤害的需要，按照不同工种、不同劳动条件发放劳动防护用品；企业中的管理和检查人员也应按实际需求发放备用的劳动防护用品。

（3）禁止将劳动防护用品折合为现金发给个人，发放的劳动防护用品不准转卖。

（4）来企业实习的大学、专科、技术学校的学生所需的劳动防护用品由企业提供，实习期满后归还企业。

5. 劳动防护用品的使用与管理

企业应建立、健全劳动防护用品管理制度，保证劳动防护用品充分发挥作用。所有劳动防护用品在其产品包装中都应附有安全使用说明书，用人单位应教育劳动者正确使用。

用人单位应按照产品使用说明书的要求，及时更换、报废过期和失效的劳动防护用品。在使用劳动防护用品前应注意以下几点：

（1）劳动防护用品使用前，必须认真检查其防护性能及外观质量。

（2）使用的劳动防护用品应与防御的有害因素相匹配。

（3）正确佩戴、使用个人劳动防护用品。

（4）严禁使用过期或失效的劳动防护用品。

第二节　劳动防护用品的作用和使用注意事项

员工在生产劳动过程中，由于作业环境条件异常，缺乏安全装置或安全装置有缺陷，或其他突然发生的情况，往往会发生工伤事故或职业危害。为防止工伤事故和职业危害的发生，必须使用劳动防护用品。如在密闭的有毒有害介质容器内从事清洗、抢修工作，必须佩戴防毒面具；操作高速旋转的机床时，必须戴防护眼镜；在噪声高的冲压、铸造等车间作业，必须戴耳塞或耳罩；在高处作业必须佩戴安全带；在上下交叉施工的地带作业必须戴安全帽等。

一、眼（面）防护用品的作用和使用注意事项

眼（面）防护用品是指防御烟雾、化学物质、金属火花、飞屑和粉尘等伤害眼睛、面部的防护用品。根据产品外形结构分为防护眼镜、防护眼罩、防护面罩。

机械行业中常用眼（面）部防护用品种类主要包括：

焊接护目镜，主要防止高温产生的红外线、紫外线和强烈可见光对眼睛的伤害，主要用于焊接等工种。

有机玻璃防冲击眼镜（眼罩）。这种眼部护具透明度高，质地坚韧有弹性，耐低温，质量轻，耐冲击强度比普通玻璃高 10 倍。但是耐高温、耐磨性差。主要用于金属切削加工、金属磨光、锻压工件、粉碎金属等作业场所。

手持式焊接面罩。这类产品由面罩、观察窗、滤光片、手柄等部分组成，面罩部分用化学钢纸（常为红色钢纸）或塑料注塑成形。这类产品多用于一般短暂电焊、气焊作业场所。

头戴式电焊面罩。这类产品由面罩、观察窗、滤光片和头带等部分组成。头戴式电焊面罩的面罩与手持式焊接面罩基本相同，头带由头围带和弓状带组成，面罩与头带用螺栓连接，可以上下掀翻。不用时可以将面罩向上掀至额部，用时则掀下遮住眼（面）。这类产品适用于电焊、气焊操作时间较长的岗位。

1．眼（面）防护用品的作用

在生产作业过程中，如从事金属切削作业，使用手提电动工具、气动工具进行打磨、冲刷作业等，一些异物容易进入眼内对眼睛造成伤害。有的固体异物高速飞出（如金属碎片）时若击中眼球，可能会使眼球破裂或发生穿透性损伤。使用眼（面）防护用品可防止伤害事故发生。

防止化学性物品的伤害。生产作业过程中的酸（碱）液体、腐蚀性烟雾进入眼中，可引起角膜的烧伤。使用眼（面）防护用品可防止伤害。

防止强光、紫外线和红外线的伤害。在电气焊接、切割等场所，热源产生强光、紫外线和红外线，可引起眼结膜炎，出现怕光、疼痛、流泪等症状。使用眼（面）防护用品可避免这些伤害。

防止微波、激光和电离辐射的伤害。

2．眼（面）防护用品的使用注意事项

如果进入的作业场所中，有高速运动、转动的工具或机械，如机械加工的打磨、切削、铣削、刨削等作业场所，工作人员都要佩戴防冲击眼护具，防止来自正面和侧面的各种重物或冲击物对眼睛的伤害。防冲击面罩虽然能覆盖眼睛和面部皮肤，对冲击危害起到防护作用，但如果面罩可掀起并暴露眼睛，就必须同时使用防护眼镜。

在焊接作业场所中，应选择可防护焊接弧光和冲击物伤害的焊接面罩，除手持式焊接面罩、头戴式或配安全帽式焊接面罩，应能和防尘口罩、面罩配合使用，以防止异物进入眼睛。

眼（面）防护用品要选用经产品检验机构检验合格的产品。眼（面）防护用品的宽窄和大小要适合使用者的脸型，要专人使用，防止传染眼病。

眼（面）防护用品的核心部件是具有防护功能的镜片和支架。每次使用前后都应检查，当镜片出现裂纹，或镜片支架开裂、变形或破损时，都必须及时更换。眼（面）防护用具使用后需要清洁，应参照使用说明或厂家指导进行维护，不能使用有机溶剂进行清洗。防护眼镜的镜片如果有轻微的擦痕，不会影响防冲击性能，但如果已经影响到视觉，应立即更换。

二、防尘防毒用品的作用和使用注意事项

1. 防尘防毒用品的作用

防止生产性粉尘的危害。在铸造、打磨作业中，会产生大量粉尘，当人在粉尘浓度超过国家卫生标准的环境中作业，无个人防护措施时，长期吸入生产性粉尘可引起肺组织的纤维化病变，称为尘肺病。尘肺病位列我国职业病之首，而目前又尚无特效药物治疗，因此预防尘肺病尤为重要。

防止生产过程中有害化学物质的伤害。生产过程中的有毒物质，如一氧化碳、苯等侵入人体可引起急性或慢性中毒，有的有害物甚至可引起恶性病变，如白血病、癌等。使用防尘防毒用品可防止、减少职业性中毒的发生。

2. 自吸过滤式防尘口罩的使用注意事项

选用产品的材质不应对人体有害，不应对皮肤产生刺激和过敏影响。

佩戴方便，与使用者脸部吻合。

防尘用具应专人专用。使用后及时装入塑料袋内，避免挤压、损坏。

3. 自吸过滤式防毒呼吸用品的使用注意事项

使用前必须弄清作业环境中有毒物质的性质、浓度和空气中的氧气含量，在未弄清楚作业环境以前，绝对禁止使用。当毒气浓度大于规定使用范围或空气中的氧含量低于18%时，不能使用自吸过滤式防毒面具（或防毒口罩）。

使用前应检查部件和结合部的气密性，若发生漏气应查明原因。例如，面罩选择不合适或佩戴不正确，橡胶主体有破损，呼吸阀的橡胶老化变形，滤毒罐（盒）破裂，面罩的部件连接松动等。面具应保持良好的气密状态才能使用。

检查各部件是否完好，导气管有无堵塞或破损，金属部件有无生锈、变形，橡胶是否老化，螺纹接头有无生锈、变形，连接是否紧密。

检查滤毒罐表面有无破裂、压伤，螺纹是否完好，罐盖、罐底活塞是否齐全，罐盖内有无垫片，用力摇动时有无响声。检查面具袋内紧固滤毒罐的带、扣是否齐全和完好。

整套防毒面具连接后的气密性检查。在检查完各部件以后，应对整体防毒面具气密性进行检查，这是很重要的。简单的检查方法是打开橡胶底塞吸气，此时如没有空气进入，则证明连接正确；如有漏气，则应检查各部位连接是否正确。

正确选用面罩的规格。在使用时，应使罩体边缘与脸部紧贴，眼窗中心位置应选在眼睛正前方下1厘米左右。

根据劳动强度和作业环境空气中有害物质的浓度选用不同类型的防毒面具，如低浓度的作业环境可选用小型滤毒罐防毒面具。

严格遵守滤毒罐对有效使用时间的规定。在使用过程中必须记录滤毒罐已使用的时间和毒物性质、浓度等。若记录卡片上的累计使用时间达到了滤毒罐规定的时间，应立即停止使用。

在使用过程中，严禁随意拧开滤毒罐（盒）的盖子，并防止水或其他液体进入罐（盒）中。

防毒呼吸面具的眼窗镜片，应防划痕摩擦，保持视物清晰。

防毒呼吸用品应由专人使用和保管，使用后应清洗、消毒。在清洗和消毒时，应注意温度，不可使橡胶等部件因受温度影响而发生质变受损。

4. 供气式防毒呼吸用品的使用注意事项

使用前应检查各部件是否齐全和完好，有无破损、生锈，连接部位是否漏气等。

空气呼吸器使用的压缩空气钢瓶绝对不允许用于充氧气。所用气瓶应按压力容器的规定定期进行耐压试验，凡已超过有效期的气瓶，在使用前必须经耐压试验合格才能充气。

橡胶制品经过一段时间会自然老化而失去弹性，从而影响防毒面具的气密性。一般来说，面罩和导气管应每年更新，呼气阀每6个月应更换一次。若不经常使用而且保管妥善，面罩和吸气管可3年更换一次，呼气阀每年更换一次。

呼吸器不用时应装入箱内，避免阳光照射，存放环境温度应不高于40摄氏度。存放位置固定，方便紧急情况时取用。

使用中的呼吸器除日常现场检查外，应每3个月（使用频繁时可少于3个月）检查一次。

5. 其他注意事项

焊接作业。电焊或气割作业产生有害光、火花和高温辐射，选择的呼吸防护面罩必须能够和焊接防护面屏相互匹配，不应妨碍面屏佩戴位置；焊接火花溅到防尘口罩表面，容易烧穿口罩材料，造成口罩提早报废，选用具备抗火花功能的焊接专用产品更适合；对高强度焊接作业，选择配有焊接面屏的动力送风呼吸器，不仅能改善作业舒适性，还能提高劳动效率。

喷漆作业。喷漆作业中产生的漆雾属于颗粒物，漆雾有挥发性，产生有机蒸气，这种情况下必须采取综合过滤的方法。单独使用防毒过滤元件用于喷漆是错误的，因为颗粒物很容易穿透滤毒盒，使用者会提早闻到溶剂的味道，误以为滤毒盒失效，使用时间会大打折扣，造成浪费。

接尘作业呼吸防护最常见的错误是使用纱布口罩防尘，如木器打磨工用纱布口罩，焊接工用纱布口罩等。纱布口罩不具有有效的防尘功效，不能作为防尘口罩使用。

使用自行装填活性炭的滤毒盒是常见的错误。购买活性炭用于更换失效的滤毒盒中的活性炭，这种做法是不安全的。滤毒盒由于装填密度不够，防护容量不够，有毒有害气体很可能直接穿透，防护效果没有保证。

有的工人喜欢在面罩下垫纱布，这样做是为了吸汗；也有工人感觉面罩泄漏，希望垫纱布提高密合性。在密合型面罩下垫任何物品，包括纱布、衣服、毛发等，都将增强面罩的泄漏。

三、耳塞、耳罩的作用和使用注意事项

1. 耳塞、耳罩的作用

防止机械噪声的危害，如由机械的撞击、摩擦、固体的振动和转动而产生的噪声。防止空气动力噪声的危害，如通风机等产生的噪声。防止电磁噪声的危害，如发电机、变压器发出的噪声。

选择护听器的样式（耳塞或耳罩）要考虑作业条件和使用者的特殊需求，具体包括以下几方面。

（1）佩戴时间：佩戴时间越长，越需要选择舒适性高的护听器。

（2）手脏者：首选耳罩或预成形耳塞，避免选择慢回弹耳塞。

（3）必须佩戴眼镜者：首选耳塞。

（4）必须佩戴安全帽者：首选耳塞或者颈带式耳罩；若安全帽的设计允许挂耳罩，则选可挂安全帽的耳罩。

（5）要求耐用的：首选预成形耳塞或耳罩。

（6）佩戴方法简单的：首选耳罩或预成形耳塞。

（7）轻巧且防丢失的：带线的耳塞。

（8）必须佩戴眼镜和耳罩者：必须对耳罩的实际降噪能力扣除5分贝。

（9）单独用耳塞或耳罩降噪能力都不够的：同时使用耳塞和耳

罩，实际降噪水平以其中较大者计算，再加5分贝。

2. 耳塞的使用注意事项

各种耳塞在佩戴时，要先将耳廓向上提拉，使耳甲腔呈平直状态，然后手持耳塞柄，将耳塞帽体部分轻轻推入外耳道内，并尽可能地使耳塞帽体与耳甲腔相贴合。但不要用力过猛、过急或塞得太深，以自我感觉适度为宜。

戴后感到隔声不良时，可将耳塞稍微缓慢转动，调整到隔声效果最佳的位置为止。如果经反复调整仍然效果不佳，应考虑改用其他型号耳塞。

反复试用各种不同规格的耳塞，以选择最佳者。

佩戴泡沫塑料耳塞时，应将圆柱体搓成锥体后再塞入耳道，让塞体自行回弹，充满耳道。

佩戴硅橡胶自行成形的耳塞时，应分清左右塞，不能弄错；插入耳道时，要稍微转动放正位置，使之紧贴耳腔。

3. 耳罩的使用注意事项

使用耳罩时，应先检查罩壳有无裂纹和漏气现象，佩戴时应注意罩壳的方向，顺着耳廓的形状戴好。

将连接弓架放在头顶适当的位置，尽量使耳罩软垫圈与周围皮肤相互贴合。如不合适，应稍微移动耳罩或弓架，将其调整到合适的位置。

无论佩戴耳罩还是耳塞，均应在进入有噪声的车间前戴好，工作中不得随意摘下，以免伤害鼓膜。如确需摘下，最好在休息时或离开车间以后，到安静处所再摘掉耳罩或耳塞。

耳塞或耳罩用后需用肥皂、清水清洗干净，晾干后收藏备用。橡胶制品应防止其热变形，同时撒上滑石粉储存。

四、防护手套的作用和使用注意事项

生产过程中手部伤害因素是多种多样的，但大致可归属于下列几种因素：火与高温、电、化学物质、撞击、切割、擦伤以及感染等。在诸多因素中，以机械性损伤如撞击、切割最为常见，而电伤害和辐射伤害往往后果最严重。此外，化学物质如酸、碱以及对皮肤有刺激性的药剂也是手部伤害的常见因素。无论是从保护人的健康角度还是从经济的角度考虑，预防手部伤害都是非常必要的。

1. 防护手套的种类和作用

机械行业中常用防护手套主要有以下种类：一般工作手套；绝缘手套；防静电手套；耐酸碱手套；防机械伤害手套；焊接手套；防振手套；耐火阻燃手套；隔热防护手套；防滑手套。

防护手套的作用有：

防止火与高温、低温的伤害。

防止电磁与电离辐射的伤害。

防止电、化学物质的伤害。

防止撞击、切割、擦伤、微生物侵害以及感染。

2. 防护手套的使用注意事项

防护手套的品种很多，使用中应根据其防护功能选用。首先应明确防护对象，然后再仔细选用，如耐酸（碱）手套有耐强酸（碱）的、有耐低浓度酸（碱）的，而耐低浓度酸（碱）的手套不能用于接触高浓度酸（碱）。切勿误用，以免发生意外。

（1）防水、耐酸（碱）手套使用前应仔细检查，观察表面是否破损，简易的检查办法是向手套内吹口气，用手捏紧套口，观察是否漏气。漏气则不能使用。

（2）手套的最佳保存环境温度为 10 ~ 21 摄氏度，不能挤压与折叠，不能直接暴露于太阳光下。

（3）应定期检验绝缘手套的电绝缘性能（包括未经使用、储存的手套），检验周期应不超过 6 个月，不经检测或不符合规定的不能使用。

（4）选用的手套尺寸要适当，如果手套太紧，则限制血液流通，容易造成疲劳，并且不舒适；如果太松，则使用不灵活，而且容易脱落。

（5）当手套被弄脏时，应用肥皂水和水清洗，要彻底进行干燥后涂上滑石粉。如果有焦油或油漆这样的混合物黏附在手套上，应采用合适的溶剂擦去。

（6）使用时手套变湿了或清洗之后要干燥，但是干燥温度不能超过 65 摄氏度。

（7）摘取手套一定要采用正确的方法，防止将手套上沾染的有害物质沾到皮肤和衣服上，造成二次污染。

（8）橡胶、塑料等防护手套用后应冲洗干净、晾干，保存时避免高温，并在手套上撒上滑石粉以防粘连。

（9）操作旋转机床时禁止戴手套作业。

五、防护鞋的作用和使用注意事项

1. 防护鞋的作用

防止物体砸伤或刺割伤害。如高处坠落物品及铁钉、锐利的物品散落在地面，就可能引起砸伤或刺伤。

防止高低温伤害。在冶金等行业，不仅作业环境温度高，而且有强辐射热灼烤足部，灼热的物料也可能会喷溅到足面或掉入鞋内导致烧伤。另外，冬季在室外施工作业，足部可能被冻伤。

防止酸、碱性化学品伤害。在作业过程中接触到酸、碱性化学品，可能发生足部被酸、碱灼伤的事故。

防止触电伤害。在作业过程中接触到带电体容易造成触电伤害。

防止静电伤害。静电对人体的伤害主要是引起心理障碍，使人产生恐惧心理，或者发生从高处坠落等二次事故。

2. 防砸鞋的使用注意事项

（1）凡对脚部易发生外砸伤的工种都应使用防砸鞋和护腿，不能用其他类型的鞋代替。

（2）重型作业不能穿轻型防砸鞋，热加工作业时穿用的防砸鞋应具有阻燃和耐热性。

（3）穿用过程中，应避免水浸泡，以延长其使用寿命。

3. 绝缘鞋（靴）的使用注意事项

（1）应根据作业场所电压的高低，正确选用绝缘鞋（靴），禁止在高压电气设备上使用低压绝缘鞋（靴）作为安全辅助用具，高压绝缘鞋（靴）可以作为高压和低压电气设备上的辅助安全用具使用。

（2）不论是穿低压或高压绝缘鞋（靴）均不得直接用手接触电气设备。布面绝缘鞋只能在干燥环境中使用，避免布面潮湿。穿用绝缘靴时，应将裤管放入靴筒内。穿用绝缘鞋时，裤管不宜长及鞋底外沿条高度，更不能长及地面，并要保持布帮干燥。

（3）非耐酸、碱、油的橡胶底，不可与酸、碱、油类物质接触，并应防止被尖锐物刺伤。低压绝缘鞋若底面花纹磨光露出内部颜色时，则不能作为绝缘鞋使用。

（4）在购买绝缘鞋（靴）时，应查验鞋上是否有绝缘永久标记，如红色闪电符号，鞋底是否有耐电压值标记，鞋内是否有合格证、安全鉴定证、生产许可证编号等。

（5）经预防性检验的电绝缘鞋耐电压和泄漏电流值应符合标准要求，否则不能使用。每次预防性检验结果有效期限一般不超过6个月。

4．耐酸（碱）鞋（靴）的使用注意事项

（1）耐酸（碱）皮鞋一般只能使用于浓度较低的酸（碱）作业场所，不能浸泡在酸（碱）液中进行较长时间的作业，以防酸（碱）溶液渗入皮鞋内腐蚀足部造成伤害。

（2）耐酸（碱）塑料靴和胶靴应避免接触高温，并避免锐器损伤靴面或靴底，否则将引起渗漏，影响防护功能。

（3）耐酸（碱）塑料靴和胶靴穿用后，应用清水冲洗靴上的酸（碱）液体，然后晾干，避免日光直接照射，以防塑料和橡胶老化脆变，影响使用寿命。

5．防静电鞋、导电鞋的使用注意事项

（1）防静电鞋和导电鞋都有消除人体静电积聚的作用，可用于易燃易爆作业场所。但两种鞋不同之处是防静电鞋还可防止250伏以下电源设备的电击，而导电鞋则不能用于有电击危险的场所。

（2）防静电鞋虽然有防电击的作用，但禁止作为绝缘鞋使用。

（3）防静电鞋和导电鞋在穿用时，鞋的内底与穿着者脚部之间不得有绝缘部件。如果内底和脚之间有鞋垫，则应检查鞋和鞋垫组合体的电阻值。

（4）这类鞋的电阻会由于挠屈、污染或潮湿而发生显著变化，如果在潮湿条件下穿用，鞋将不能实现其预定的功能。因此在穿用过程中，一般不超过200小时应进行鞋电阻值测试一次；如果电阻不在规定的范围内，则不能作为防静电鞋或导电鞋继续使用。

（5）如果在鞋底材料被污染的场所穿用鞋，则穿着者每次进入危险区域前应检查鞋的电阻值。

（6）使用防静电鞋的场所应是防静电的地面，使用导电鞋的场所应是能导电的地面。

（7）防静电鞋应与防静电服配套使用。

六、安全帽的作用和使用注意事项

1. 安全帽的防护作用

防止物体打击伤害。在生产中容易发生由于物体、工具等从高处坠落或抛出击中人员头部造成伤害等事故，佩戴安全帽可以防止物体打击等伤害事故的发生。

防止高处坠落伤害头部。在生产中，进行安装、维修、攀登等作业时可能会发生坠落事故，从而伤及头部导致死亡，使用安全帽保护头部可有效减轻伤害。

防止机械性损伤。可以防止旋转的机床、叶轮、带运输设备将操作人员的头发卷入其中。

防止污染毛发。在油漆、粉尘等作业环境中，存在化学腐蚀性物质，可能污染头发和皮肤，使用安全帽可有效防止伤害。

2. 安全帽的使用注意事项

（1）使用前应检查安全帽的外观是否有裂纹、碰伤痕，是否凸凹不平、磨损，帽衬是否完整，帽衬的结构是否处于正常状态。

（2）使用者不能随意在安全帽上拆卸或添加附件，不能私自在安全帽上打孔，不能随意碰撞安全帽，以免影响其原有的防护性能。

（3）使用者不能随意调节帽衬的尺寸，这会直接影响安全帽的防护性能，落物冲击一旦发生，安全帽会因佩戴不牢脱出或因冲击后触顶直接伤害佩戴者。

（4）使用者在佩戴时一定要将安全帽戴正、戴牢，不能晃动，要系紧下颌带，调节好后箍紧以防安全帽脱落。

（5）经受过一次冲击或做过试验的安全帽应报废，不能再次使用。

（6）安全帽不应储存在有酸碱、高温（50 摄氏度以上）、阳光直射、潮湿等环境，避免重物挤压或尖物碰刺，以免其老化变质。帽衬由于汗水浸湿而容易损坏，可用冷水、温水（低于 50 摄氏度）经常清洗，损坏后要立即更换。帽壳与帽衬不可放在暖气片上烘烤，以防变形。

（7）由于安全帽在使用过程中会逐步损坏，所以要定期进行检查，仔细检查有无龟裂、下凹、裂痕和磨损等情况。如存在影响其性能的明显缺陷，应及时报废，不要戴有缺陷的安全帽。

（8）如果材料好，使用环境舒适，则安全帽使用 3 ~ 5 年很正常。如果帽壳采取了抗老化措施，例如不含回料，添加抗老化剂，表面烤漆并配以锦纶帽衬，则寿命一般可达 3 年以上。用户在判断安全帽是否应报废时，主要依据以下三种情况：帽壳表面是否有严重的磕碰、划伤痕迹；插头是否损坏；衬带是否损坏。

七、防护服的作用和使用注意事项

1. 焊接防护服

焊接防护服是用于焊接及相关作业场所，使作业人员免受熔融金属飞溅及其热伤害的躯体防护用品。

焊接防护服的使用注意事项如下：

（1）服装结构安全、卫生，有利于人体正常生理需求与健康。

（2）上衣长度应盖住裤子上端 20 厘米以上，袖口、脚口、领子应采用可调松紧结构，尽可能不设外衣袋。明衣袋应带袋盖，袋盖长应超过袋口 2 厘米，上衣门襟以右压左为宜，裤子两侧口袋不得用斜插袋，避免明省、活褶向上倒，衣物外部接缝的折叠部位向下，以免积存飞溅熔融金属或火花。

（3）在不影响强度及效果的情况下，尽量减轻防护服的质量。

（4）防护服所必需的袋、闭合件等，应采用阻燃材料，外露的金属件应用阻燃材料完全遮盖，以免黏附熔融飞溅金属。

（5）防护服应为“三紧式”，与配用的防护用品结合部位，尤其是领口、袖口处应严格闭合，防止飞溅的熔融金属或火花从结合部位进入。

2. 屏蔽服

带电作业用屏蔽服是用均匀分布的导电材料和纤维材料等制成的服装。穿戴后，使处在高压电场中的人体外表各部位形成一个等电势屏蔽面，防护人体免受高压电场及电磁波的影响。

成套屏蔽服装应包括上衣、裤子、帽子、手套、短袜、鞋子及相应的连接线和连接头。由于不同电压等级对屏蔽服装的要求有所区别，屏蔽服装分为两种类型。用于交流110（66）~500千伏、直流±500千伏及以下电压等级的屏蔽服装为Ⅰ型，用于交流750千伏电压等级的屏蔽服装为Ⅱ型。Ⅱ型屏蔽服装必须配置面罩，整套服装为连体衣裤帽。

屏蔽服的使用注意事项：

带电作业用屏蔽服装应有较好的屏蔽性能、较低的电阻、适当的通流容量、一定的阻燃性及较好的服用性能。屏蔽服装各部件应经过两个可卸的连接头进行可靠的电气连接，应保证连接头在工作过程中不会脱开。

（1）在使用前必须仔细检查外观质量，如发现任何缺损，则不能使用；如有尘土，应清除干净。

（2）穿用时必须将衣服与帽、手套、袜、鞋等各部分的多股金属连接线按规定次序连接好，但不能与皮肤直接接触。屏蔽服内应穿着内衣，其不得用合成纤维织物，以防电弧火花熔融，黏附皮肤而扩大烧烫面积，加重伤情。

（3）进行等电势作业时，严禁通过屏蔽服断、接接地电流、空载线路和耦合电容器的电容电流。

（4）屏蔽服使用后必须妥善保管，最好挂在衣架上，保持干燥清洁，尽量减少折叠、摩擦，不与污染物质和水汽接触，以免损坏，影响电气性能。

3. 酸碱类化学品防护服

酸碱类化学品防护服是用耐酸碱织物或橡胶、塑料等材料制成的防护服，适合从事与液态酸碱接触工作的人员穿用。

酸碱类化学品防护服的使用注意事项：

（1）酸碱类化学品防护服使用前应检查是否破损，并且只能在规定的酸碱作业环境中作为辅助用具使用。

（2）穿用时应避免接触锐器，防止受到机械损伤。

（3）橡胶和塑料制成的酸碱类化学品防护服存放时应注意避免接触高温，用后清洗晾干，避免暴晒，长期保存应撒上滑石粉以防粘连。

（4）合成纤维类酸碱类化学品防护服不宜用热水洗涤、熨烫，避免接触明火。

八、安全带的作用和使用注意事项

1. 安全带的作用

安全带的作用是预防作业人员从高处坠落，由带子、绳子和金属配件组成。

2. 安全带的使用注意事项

（1）使用者必须了解其工作场所内存在的坠落风险，根据自身的工作需要来选择合适的安全带。在使用安全带时，应检查安全带的部件是否完整、有无损伤，金属配件的各种环不能是焊接件，边缘应光滑，产品上应有安全鉴定证。

（2）任何有坠落风险的场合必须选择坠落悬挂安全带，即带有腿带的全身式安全带。单独的腰带只能用于工作限位，不能用于任何有坠落风险的场合，否则一旦发生坠落，人体会失去平衡，产生碰撞伤害，同时坠落产生的冲击力全部集中在腰部，极可能发生脊椎断裂、内脏破裂等严重伤害。

（3）配有安全绳的安全带，其安全绳长度不能超过 2 米，否则一旦坠落，会带来导致使用者自由坠落距离过长，冲击力超出人体承受极限的巨大风险。悬挂安全带不得低挂高用，因为低挂高用在坠落时受到的冲击力大，对人体伤害也大。使用3米以上的长绳时，应考虑补充措施，如在绳上加缓冲器。

(4) 焊工高处作业时必须选择由阻燃材料制成的安全带，常规的安全带与焊渣、火花接触将导致破损，发生坠落时将不能起到保护作用。使用围杆安全带时，围杆绳上有保护套，不允许在地面上随意拖拽，以免损伤绳套，影响主绳。

(5) 架子工单腰带一般使用短绳较安全，如需用长绳，以选用双背带式安全带为宜。

(6) 使用安全绳时，不允许打结，以免发生坠落受冲击时将绳从打结处切断。

(7) 自锁钩或速差式自控器等。缓冲器、自锁钩和速差式自控器可以单独使用，也可联合使用。安全带使用2年后，应做一次试验，若不断裂则可继续使用。安全带使用期限一般为3~5年，发现异常应提前报废。

九、护肤用品的作用和使用注意事项

职业性皮肤病常见的临床类型有职业性皮炎和职业性皮肤色素变化，如接触人工光源（电焊等）引起的急性皮炎和由于长期接触脂肪溶剂、碱性物质以及机械性摩擦等引起的职业性角化过度皲裂。职业性皮肤病是一种常见的职业病，在职业病中占有较大的比例，直接危害工人健康，影响劳动效率。

护肤用品用于保护皮肤免受化学、物理等因素的危害。护肤用品分为6类：防水型护肤剂，防油型护肤剂，遮光型护肤剂，洁肤型护肤剂，驱避型护肤剂，其他用途型护肤剂。

1. 机械行业常用护肤用品

常见的机械行业护肤用品有以下几种：

(1) 防水型防护膏。该类防护膏含油脂较多，在皮肤表面形成疏水性膜，堵塞皮肤毛孔，能防止水溶性物质的直接刺激，能预防酸、碱、盐类溶液对皮肤刺激所引起的皮炎。由于这类防护膏含油性成分较多，有一定黏着性，因此不宜在有尘毒的作业环境中使用。

（2）防油型防护膏。这种防护膏采用硬脂酸、碳酸钠、甘油、香料和水按适当比例配制而成。其特点是防护膏含油成分较少，若用后不盖紧盒盖，时间较长会因水分蒸发而使防护膏变硬固化，应予注意。这种防护膏对防御机油、矿物油、石蜡油等引起的痤疮有一定效果。

（3）皮肤清洗液。是用硅酸钠、烷基酸聚氧化烯、醚、甘油、氯化钠、香精等原料按适当比例配制而成的。皮肤清洗液对各种油污和尘垢有较好的除污作用，对皮肤无毒、无刺激且能滋润皮肤、防糙裂、除异味。

（4）皮肤保护膜。又称隐形手套，附着于皮肤表面，阻止有害物对皮肤的刺激和吸收作用。其特点是在皮肤表面形成一个透明、耐洗、不透水、不透油且透气的保护层；产品中含有广谱杀菌剂对氧甲酚，能杀灭常见病菌。这种护肤剂有效保护时间可达 4 小时，在 4 小时之内经多次洗涤后不用重新涂抹。它适合各行各业人员使用，能预防汽油、柴油、机油、油漆及其他无腐蚀性物质对皮肤的伤害。

2. 皮肤防护剂的使用注意事项

皮肤防护剂使用时应注意：

（1）皮肤防护剂应在工作开始前使用，下班后将涂在皮肤上的皮肤防护剂洗去。

（2）在使用前，应清洁皮肤并保持干燥。工作结束后，应使用对皮肤有调理作用的制剂（如雪花膏），可有效地减轻各种脱脂物质所引起的皮肤脱脂和干燥。

（3）皮肤防护剂的应用，仅仅是预防职业皮肤病的许多措施之一，不能作为唯一的办法而忽视其他预防措施，否则必将导致职业皮肤病防治工作的失败。

第五章　机械制造企业事故分析

第一节　机械制造企业事故特点及预防措施

一、常见事故的特点

机械制造企业常见事故以机械性伤害为主，据统计，机械性伤害事故占事故总数的70%左右。

机械制造企业使用的设备类型繁多，所产生的危险因素也各不相同，为了方便分析，常将设备产生的各种危险因素归纳为以下四种类型：

（1）机械性伤害危险因素。这类伤害是由设备、构件、硬性物体直接与人的身体发生作用而引起的，如碰撞、打击、切割、磨削、冲砸、跌落等。

（2）电气危害性危险因素。由电气线路、电气设备引发的事故危害，如电击。

（3）火灾爆炸性危险因素。由可燃物引起火灾、爆炸，或因设备爆炸而引发的事故伤害，如易燃易爆物爆炸危害，锅炉、压力容器爆炸，气焊火灾危害等。

（4）职业危害因素。如尘、毒、噪声、辐射等危害因素。

机械制造企业发生的大多数事故，其过程简单、原因清晰、因果关系明确。这与煤矿、化工等企业所发生的事故有所不同，不像煤矿、化工事故具有许多不确定的外在因素，也很少出现群死群伤现象。

二、预防措施

事故的发生主要是由于机械设备本身存在缺陷以及操作者的安全意识不够等造成的，因此，针对以上事故发生的原因，预防事故主要可采取三类措施，即工程技术措施、安全教育及培训措施、安全管理措施。

1. 工程技术措施

工程技术措施是指对主要设备、设施、工艺、操作等，从安全角度考虑计划、设计、检查和保养的措施。对新设备、新装置，从设计阶段开始就需要充分考虑安全问题。有时虽然有完整的设计方案，但在制造、加工过程中，可能因材料缺陷或加工技术差，使新设备、新装置处于不安全状态。有时，设备开始使用时虽然能满足安全要求，但使用以后，因磨损、疲劳或腐蚀等因素的影响，设备也会转变为不安全状态。因此，必须根据生产的发展和设备的使用情况，及时改进或采取相应的工程技术措施。

2. 安全教育及培训措施

安全教育及培训措施是指通过不同形式和途径的安全教育和培训，使员工掌握安全方面应有的知识和操作方法，将安全寓于生产之中。安全教育不仅是要学习安全知识，更重要的是要会应用安全知识。

安全教育分两个方面：一个是思想教育，另一个是安全技术知识教育。

思想教育是安全生产教育的一项重要内容，目的是使企业领导、管理人员和操作人员从思想上认识到做好安全工作对企业生产的重要意义。在实际工作中，需要正确处理安全与生产的辩证统一关系，自觉地组织和进行安全教育。法制教育和劳动纪律教育都属于思想政治教育。严格执行规章制度，加强法制观念，安全生产就有了保证。安全生产方针、政策的教育是为了提高各级领导和广大职工的政治水平，正确理解党的安全生产方针，严肃认真地执行安全生产法规，做到不违章指挥、不违章作业。

安全技术知识教育包括生产技术和安全技术知识以及专业性的安全技术知识教育。根据这些技术知识，结合先进经验，掌握操作技术，并不断提高操作技能。

3. 安全管理措施

安全管理从广义上讲，一是预测生产活动中存在的危险，从而预先采取防范措施，使员工在生产活动中不致受到伤害和职业病的危害。二是制定各种规章制度和消除危害因素所采取的各种办法、措施。三是告诉人们如何认识危险和防止危害。具体包括以下几个方面：

（1）贯彻落实国家安全生产法律法规，落实“安全第一、预防为主、综合治理”的安全生产方针，并落实企业各级人员安全生产责任制。

（2）制定安全生产的各种规程、规定和制度，对作业现场的安全生产进行监督检查，纠正并处罚各种违章违规行为，使安全生产的各种规程、规定和制度得到认真贯彻实施。

（3）对作业场所、机械设备设施进行安全检查和综合治理，消除不安全因素以及事故隐患，使企业的生产机械设备和设施达到安全运行的要求，保障职工有一个安全可靠的作业条件，减少和杜绝各类事故造成的人员伤亡和财产损失。

（4）采取各种劳动卫生措施，不断改善劳动条件和环境，定期检测，防治和消除职业病及职业危害，做好女工和未成年工的特殊保护，保障劳动者的身心健康。

（5）推广和应用现代化安全管理技术与方法，提高安全生产管理水平，降低事故发生率，不断深化企业安全管理。

在对常见事故的防范措施中，应特别注意的是对麻痹大意、忽视安全的心理和思想的纠正措施。由于机械制造企业事故发生率相对较低，特别是重大伤亡事故发生率较低，容易导致作业人员以及管理人员产生麻痹思想，尤其是在日复一日、月复一月、年复一年的重复性生产中，作业人员和管理人员都容易滋生“干惯了”和“看惯了”的心理。“干惯了”有可能是违章作业干惯了，这是安全生产的大敌。实践证明，虽然每次违章不一定都出事故，但每次事故都必定存在违章行为。“看惯了”有可能是对违章行为看惯了，这也是安全生产的大敌，它助长了违章行为的蔓延和发展。针对麻痹大意、忽视安全的心理和思想，企业应尽可能地创造条件，举办形式多样的安全教育活动以及其他安全活动，提高企业职工的安全意识，使安全生产警钟长鸣，使安全生产工作永不松懈。

第二节　机械制造企业典型事故案例

一、铸工、锻工

案例一：浇包机构“带病”作业致人烫伤死亡事故

某公司铸造车间1.5吨铁液包浇注时有“磕头”现象，该车间副主任徐某和炉长张某一起拆卸和检查铁液包的倾转机构，检查问题原因，查明是因蜗杆与轴套间隙过大所致。修理工期需要两天。但有一批浇注任务需尽快完成。于是，就决定重新装上蜗杆和蜗轮继续使用。固定蜗杆的螺钉本来是7个3/8寸的，现只有3个，又无备件可用，就装上了3个螺钉。当天下午2时左右，浇注工操纵浇注包浇注时，紧固螺钉断裂，蜗杆和蜗轮脱开，铁液包突然倾转倾泻，将浇注工严重烫伤，医治无效死亡。

『事故分析』

本案例中，操作者明知铁液包发生“磕头”故障并缺少螺钉，片面强调生产急需，强行使用带病设备，又不采取可靠的防范措施，严重不负责，引发了这起事故。铁液包是铸造作业的特种设备，转动机构失灵，不能自锁，或者吊挂脱钩，都会造成铁液烫伤甚至爆炸事故。

『事故教训』

无论在任何情况下，都要及时消除设备设施隐患，不准带病运行。此外应加强安全意识的强化教育，坚持不安全就不生产的原则，克服以生产效益为借口的蛮干行为。

案例二：锻模与工件飞出致死事故

2003年某月某日14时左右，某机械厂租赁厂房内，职工甲、乙二人在锻压机上进行模块加工作业，当甲夹住锻模放在锻压机锻压时，乙开启机器，锻压机锤开始锻压，锻模与工件飞出，击中甲胸部。厂方立即将伤者紧急送医院，终经抢救无效于当天16时左右死亡。

『事故分析』

发生事故的锻压机是二手机器。在加工锻压过程中，没有操作规程，在模块未放正位置的情况下，乙开启机器，因锻压锤工作时锻模振动，致使锻模偏离位置，锻压锤锻压在锻模边缘，导致锻模与工件飞出，击中甲胸口。

甲、乙两人相互配合不协调，是造成这起事故的直接原因。该厂法定代表人缺乏国家有关安全生产的法律法规知识；没有建立健全和落实安全生产责任制；没有制定安全生产规章制度和技术操作规程，特别是没有制定锻压机工艺上的操作规程，对锻压机作业危险性认识不足，对锻压设备未采取有效的防护措施，未对职工进行上岗前的安全知识培训和安全教育，盲目组织生产，这是造成本起事故的间接原因。

『事故教训』

认真执行锻压设备通用操作有关规定。

工作中认真做到：

（1）坚守工作岗位，精心操作设备，不做与工作无关的事。因事离开设备时要停机，并关闭电源、气源。

（2）按说明书规定的技术规范使用设备，不得超规范、超负荷使用设备。

（3）密切注意设备各部位润滑情况，按润滑指示图表规定进行班中加油，保证设备各部位润滑良好。

（4）密切注意设备各部位工作情况，如有不正常声音、振动、温升、烟雾、动作不协调、失灵等现象，应立即停机检查，排除后再继续工作。

（5）调速、更换模具、刀具或检修设备时，要事先停机，关闭电源、气源。

（6）在工作时，不得擅自拆卸安全防护装置和打开配电箱（盒）、油池（箱）、变速箱的门盖进行工作。

（7）设备发生事故必须立即停机，保护好现场，报告有关部门分析处理，做到三不放过后，方可使用设备。

案例三：检修未挂警告牌，机器开动致死事故

某厂铸造车间配砂组老工人张某，经常早上提前上班检修混砂机内舱，以保证上班时间正常运行。某日早 7 时 20 分，张某到车间，打开混砂机舱门，没有在混砂机的电源开关处挂上“有人工作，禁止合闸”的警告牌便进入机舱内检修。他怕舱门开大了影响他人行走，便将舱门带到仅留有 150 毫米缝隙。7 时 50 分左右，本组配砂工人李某上班后，没有预先检查一下机内是否有人工作，便顺手将舱门推上，按惯例先启动开关，让混砂机空转试运行。当听到机内有人喊叫时，大惊失色，立即停机。但滚轮在惯性作用下继续转动，混砂机停稳后，李某与刚上班的其他职工将张某救出，张某头部流血不止。该事故发生后车间领导立即上报。7 时 55 分，该厂卫生所医务人员闻讯立即赶到现场，对张某做了止血包扎。随车立即将张某送往医院救治，但由于头部受伤严重，经抢救无效于 8 时 40 分死亡。

『事故分析』

配砂工李某在试车前，未预先检查机舱内是否有人就推上舱门，随即启动混砂机，是发生该起事故的直接原因。而李某在看到舱门未关，不假思索，顺手推上，也致使混砂机的舱门联锁开关安全装置无法发挥作用。张某进入混砂机舱内检修，未悬挂“有人工作，禁止合闸”“有人操作，禁止启动”等警告牌，是造成该起事故的重要原因。张某为人善良、忠厚老实，因担心舱门开启过大影响其他工人行走，遂将舱门带到仅留有 150 毫米的缝隙，也是引起该事故的一个原因。张某独自进入机舱内检修，无人监护，也导致了该起事故的发生。

车间领导对配砂工人的安全教育不够，执行“挂警告牌、并有人监护，不准一人独自作业”的制度不严格，职工安全意识淡薄，操作程序失控，存在随意性。

『事故教训』

“三方挂牌”缺一不可，检修作业安全才有保障。针对交叉作业易发生危险的状况，严格执行“三方挂牌确认制度”，在对同一

设备操作时，操作方、点检方、维修方都要在设备的关键启动操作部位挂牌，确保设备处于停机停电状态。未经确认，严禁操作。

设备检修时，检修工检修时在必要的现场挂警示牌及安全锁，停车检修必须先切断电源方可进行，并在电气开关处挂上“有人作业，不许合闸”等警示牌，需要监护的须派人现场监护。

案例四：生产性粉尘导致矽肺事故

某年，小周和小何同时进入浏阳市某机械制造厂翻砂车间当学徒。两人对待工作的不同之处是，小周干什么总是有条有理，又喜欢讲究个人卫生，上班时穿的工作服总是整整齐齐，领口扎得严严实实，一进入车间工作就戴上防尘口罩，一年到头都坚持。而小何，自认为年轻体力棒，平时大大咧咧，满不在乎，总觉得戴口罩多闷气，这点儿粉尘怕什么，何必受这个罪。每年厂里组织的体格检查，他觉得多余，总是借故溜号。随着时间的推移，小何常出现干咳、胸痛、气短的毛病，特别是干起活来，这些症状就加重了。一天，厂里安全员要他去市疾控中心检查，经X射线胸片检查，被确诊为Ⅰ期矽肺。

『**事故分析**』

铸造中手工造型劳动强度大，劳动者直接接触粉尘、化学毒物和物理性有害因素，职业危害大，本事故就是在这种生产环境中发生的。再加上小何平时不注意采取防护措施，没有及时参加厂里的体格检查，最终导致了此事故的发生。

『**事故教训**』

职业病大多属于慢性病，治疗康复通常需要长周期持续进行，治疗康复费用高。病人经济负担沉重，可能迅速陷入贫困，有的债台高筑，生活质量和治疗、康复效果也将打折扣。

防止职业病的发生重在做好预防。

劳动者在日常工作中要树立以下职业卫生安全理念：

（1）要从自我做起，主动参与岗前或在岗期间培训。

（2）要遵守职业安全卫生规程，培养良好的操作行为，杜绝违章操作。

（3）要主动创建清洁的作业场所，做到物品有毒和无毒分开，有用与无用分开，有用物品分类存放，无用物品及时处理。

（4）要熟知作业场所、设备、产品包装、储存场所、职业病危害事故现场等醒目位置设置的职业安全卫生警示标志的含义，并遵守警示标志的规定。

（5）要经常检查、维护职业卫生安全装置和防护设施，使其保持正常工作状态，不得随意停止使用或拆除。

（6）要正确使用个人防护用品，劳动者应当掌握防护用品的正确使用和维护方法，提高自身保护意识。

（7）要主动接受职业健康检查，劳动者在上岗前、在岗期间、离岗时都要进行职业健康检查，费用由用人单位承担，体检后劳动者要索取检查结果或诊断证明书，检查结果或诊断证明书可以作为维权的证据。

二、车工

案例五：调机床不停车致手指受伤事故

2006年某月某日，某厂车工甲与乙闲聊手头的零件加工任务，甲抱怨机床陈旧，离合器不灵活，停车位稍有偏差主轴就会反转，维修工修了几次也没调合适。乙认为自己可以帮甲调好。乙就用一只手拿螺丝刀拨压弹簧，用另一只手扭可调瓦螺母。这时，主轴突然飞转，将乙两手多指绞成粉碎性骨折。

『事故分析』

乙自恃是老师傅，懂机床结构，违章操作，在不停车（马达在工作状态）情况下冒险在离合器停止位置调整螺母。因身体紧靠床头箱，腿不小心碰到床体前离合器操纵杆，致使主轴瞬间转动，两手被齿轮绞伤。这是造成该起事故的直接原因。而作为一个老师傅，安全意识淡薄，全然不顾基本的机床操作安全规程，违章作业。

『事故教训』

事故带来的影响是深远的，损失是难以估量的，会对个人、家庭带来巨大的伤痛，对企业、社会、国家带来不可弥补的损失。因此，要保障个人的身心健康和家庭的幸福，要保障企业的长治久安和社会的和谐稳定，就要控制各类事故的发生，而控制事故发生的关键就是杜绝违章。

违章不一定出事，出事必是违章。这句话很好地诠释了事故与违章的关系。根据对全国每年上百万起事故原因进行的分析证明，95%以上是由于违章而导致的。

案例六：未戴护目镜，永久失明事故

江苏大丰市某机械制造公司下属机加工车间车床操作工倪某为某校刚毕业的大学生，进厂一年。2007年4月的一天，倪某工作时只穿了工作服，未戴护目镜，在低头观察进刀时，一只眼睛被高速飞溅的切屑击伤，其工友发现后，立即将其送往当地医院救治。经诊断，被击伤的一只眼睛眼球晶体流失，造成永久失明。

『事故分析』

车床操作工倪某安全意识不强，未按规定佩戴护目镜操作高速旋转的车床，从而被高速飞溅的切屑击伤眼睛，造成永久失明。

其车间的监督管理人员在倪某未按规定佩戴护目镜操作车床时未加以及时制止，是造成这起事故的间接原因。

『事故教训』

戴护目镜操作高速旋转的车床是经过无数血的教训而制定的安全操作规程，车床操作工不论在什么情况下都应该遵守，否则，将会使眼睛受到伤害。

不使用护目镜是最常见的错误。一些员工存在侥幸心理，认为不按规定穿戴防护用品的情况也很多，但从未发生过事故，所以，认为根本不会发生事故。实际上，事故的发生是具有偶然性和必然性的，不遵守安全操作规程不一定会发生事故，但会使发生事故的概率提高；相反，遵守了各项安全规定，也不一定不会发生事故，只是发生事故的概率会降低。

在很多存在眼（面）部伤害风险的场所，应加强监督。进入一个要求佩戴防护眼镜的车间或区域的所有人，包括主管和访客，都应佩戴防护眼镜。

案例七：环境狭小藏凶险，没有措施惹祸端

某日，江苏省某机械加工厂，车工郑某和钻工张某二人在一个仅9平方米的车间内作业，两台机床的间距仅0.6米，当郑某在加工一件长度为1.85米的六角钢棒时，因为该棒伸出车床较长，在高速旋转下，该钢棒被甩弯，打在了正在旁边作业的张某的头上，等郑某发现立即停车后，张某的头部已被连击数次，头骨碎裂，当场死亡。

『事故分析』

上面这个例子就是因为作业环境狭小，进行特殊工件加工时，没有专门的安全措施和防护装置而引发的伤害事故。

『事故教训』

在机械作业中，各种机械设备都有一定的安全作业空间，机械设备之间安置不能太过紧密，否则，在一台机械设备工作时，其危险的工件等物会对临近的机械操作人员造成伤害。在工作中，千万不能为了眼前的利益而不顾有关要求，不制定有效的安全措施，这样必然会造成惨剧的发生。

工作场所布置混乱最易导致事故发生，如设备之间的距离、安放位置，设备附件、锻模、锻件及原材料的堆放，工序间的运输方式，车间内各种通道尺寸与畅通情况等选择不当，均会造成砸伤、碰伤、摔伤等事故。

案例八：穿着不整车床致死事故

某公司机加工车间三级车工张某，在CA6140型车床上加工零部件。当时磁力表座百分表放在车床外导轨上，他用185转/分的转速校好零件后，没有停车右手就从转动零部件上方伸过去拿百分表。由于身体靠近零部件，衣服下面两个衣扣未扣，衣襟散开，被零部件的突出支臂钩住。一瞬间，张某的衣服和身体右部同时被绞入零部件与轨道之间，头部受伤严重，抢救无效死亡。

『事故分析』

这是一起因严重地违反操作规定和护品穿戴不规范而引发的一起死亡事故。该车工违反操作规程，上衣穿着不整，衣扣未扣

好，越过转动零部件上方拿取工具，是造成该起事故的直接原因。此外，机床易对人体造成伤害的部位应有安全措施，避免引起伤害。

『事故教训』

教训告诉我们，遵章守纪，安全才有保障。车工安全操作注意事项：

（1）操作者必须熟悉机床的一般性能和结构及传动系统，严禁超性能使用。

（2）工作前必须戴好劳动保护用品。袖口扎紧，系好衣扣。留长发的要戴工作带，以防绞碾。

（3）要检查设备上的防护保险信号装置机械传动部分，电气部分要有可靠的防护装置，否则不准开动。

（4）从床轴主轴孔内取出顶尖时需用铜质心棒，安装拨盘卡盘时需将丝扣部位清洗干净，注上润滑油。

（5）开车时工件必须夹紧，工件直径长度不能超过规定范围，以免造成机床的损坏。

（6）禁止开车途中变速，以免打伤齿轮，禁止开反车卸卡盘，测量工件尺寸、更换刀具必须停车进行。

（7）用于精加工的机床禁止加工毛坯或非正圆工件。

（8）须经常更换主轴及进给的转速，防止齿轮单一磨损。

（9）禁止在车床上直弯，铲水口，毛刺处或用力敲打找正。

（10）机床运转时禁止戴手套操作。

（11）不得用手轻触切屑，应使用专门工具清扫 。

（12）下班前必须将机床打扫干净，导轨丝杠等部位加注机油。

三、钳工

案例九：螺母装卸不当，砂轮破碎重伤事故

某机械厂钳工班袁某在用手提砂轮打磨新做的铁柜焊点时，发现砂轮磨损严重。于是袁某想用扳手卸下砂轮螺母，以换用新砂轮。但因轴打转卸不下来，袁某便用锤和铲击打螺母从而卸下砂轮，并将电工刘某新取来的砂轮换上，先用扳手紧固，接着又用锤

子敲击紧固。之后袁某让刘某插上电源，自己手持砂轮打磨焊点，刚一接触，只听一声巨响，砂轮破碎，飞片切入袁某左肩和腹部，造成重伤。

『**事故分析**』

这是一起违章装卸、野蛮操作造成的伤害事故。袁某更换砂轮时使用锤子击打螺母，不仅会损害螺母，而且很容易振裂砂轮。而且，在更换后袁某没有认真检查，致使有裂纹的砂轮在使用过程中受力破碎，飞出伤人。而此砂轮安全罩因损坏早已被卸掉，破碎时无安全保护。

常用手工具在使用过程中发生伤害事故的原因如下：

（1）工具选择不当。如用规格不合适的扳手去拧螺母，用旋具代替撬具等。这些都可能造成工件的滑出或折断，使操作者受伤。

（2）工具检查、维修和管理不当，如用锤头松动或锤柄有裂纹的锤子继续敲打，用刃口已钝的手锯继续锯削，使用绝缘破裂的电动工具，以及将有锋利刃口的錾子、刮刀等随意乱放，造成意外伤害事故。

（3）不按操作规程使用工具。如用扳手拧紧螺母时，不是拉而是推扳手，为了省力，在扳手手柄上加接过长的管头，用锤子敲打扳手等。

（4）缺乏必要的安全防护措施。如錾削时工作台上没有铁丝防护网，致使飞屑崩伤对面的工人；在多层和交叉作业时没戴防护帽，而被落下的物体砸伤。

『**事故教训**』

钳工用到的手工具种类很多，如手砂轮、手电钻、锉刀、錾子、手锯、刮刀、锤子、钳子、旋具、扳手等，手工具结构简单，操作方便，只要正确使用，一般不会发生伤害事故。但如果忽略安全操作，随意滥用，结果往往造成伤害事故的发生，如被飞屑和折断的工具刺伤、崩伤，被切削工具切断手指，被振动工具振裂手指等。

在使用砂轮时，应注意以下三点：第一，严禁使用无安全罩的电动工具。第二，严格遵守砂轮装卸安全操作规定，使用配套的砂轮装卸双扳手可防止轴转动。第三，加强职工安全教育，杜绝习惯性违章行为。

案例十：维修违章操作，交叉作业未沟通致伤事故

2009 年 6 月 10 日，某矿矸砖厂生产班班长张某发现切坯机发生故障，就通知值班钳工杨某来调试一下。杨某从切坯机背后侧查看情况，当时切坯机正在运行，在没有停机的情况下，杨某将手伸进切坯机里，想利用切坯机推杆行程间歇进行调试。张某背对杨某，不知道杨某已经来到现场正在调试设备，继续操作。当切坯机推杆向前推进时，杨某伸进切坯机推杆的手来不及缩回，被切坯机推杆带着向前，和切坯机的割钢挤压在一块，当场造成左大臂粉碎性骨折。

『**事故分析**』

检修人员杨某没有与值班队员和生产班组人员联系，并且在没有停电、停机的情况下，就开始调试运行设备，这是发生事故的主要原因。

操作人员互保意识差，在机器存在故障的情况下，继续作业，对可能引发事故的不安全因素认识不到位。杨某在作业存在交叉的情况下，没有和张某进行细致有效的沟通，没有把安全确认到位，检修前没有进行安全措施交底，在检修设备时未严格执行设备检修制度，按规定悬挂停电、停机警示牌等。

『**事故教训**』

一般地说，凡是能够或可能导致事故发生的人为失误均属于不安全行为。控制人的不安全行为是减少伤亡事故的主要措施。

从业人员提高安全素质和自我保护能力，防止事故发生，是保证安全生产的重要手段。从业人员应当掌握本职工作所需的安全生产知识，提高安全生产技能，增强事故预防和应急处理能力。

案例十一：操作戴手套致手指骨折事故

2001 年某月某日，某厂容器车间电钳班钳工甲给注硫罐盲板钻孔。由于甲右手戴手套，不慎被旋转的钻头缠绕，强大的力量拽着他的手往钻头上缠绕。职工甲一边喊叫，一边拼命挣扎。待其他工友听到喊声，迅速关闭电源。结果，甲右手中指、无名指拉断。

『事故分析』

旋转设备操作过程中戴手套，严重违反操作规程，是造成该起事故的直接原因。

安全规章制度落实不力，操作规程得不到执行，现场安全监督检查缺位，职工安全意识淡薄，是造成该起事故的安全管理方面的原因。

『事故教训』

劳保用品也不能随便使用，并且在旋转机械附近，身上的衣服等物一定要收拾利索。

职工要树立“安全第一，预防为主”的思想，自觉地遵守安全操作规程、规章、制度，并接受安全教育。认真学习、掌握本工种的安全操作规程及有关知识，听从安全员的指导，做到不违章、不冒险作业。

四、冲压

案例十二：手取余料致冲模落下伤手事故

2003 年某月某日晚 18 时 30 分左右，某公司部装车间钣金组根据生产需要，安排 GE 柜生产的所有人员回厂加班。

经工艺员确认后，19 时 15 分左右班组长安排雷某当师傅在 63 吨气动冲床上给陈某等三名新工示范操作 GE 柜外箱本体冲孔工序，准备让其上岗操作。该外箱板材长 184 厘米，宽 78.5 厘米，操作时需两人合力将板材送入模具并扶正，其中站在机台前方的一人踩脚踏开关，完成冲压之后将成形的板材取出放好，并取出冲孔落料，另一人取待加工的新板材。雷某讲完操作程序和注意事项并示范操作后，看着陈某和卢某两名新工配合作业操作十几块板料后，就离开和另一名新工在旁边 80 吨冲床上配合作业。

19 时 30 分左右，当陈某伸左手入模取冲孔落料时，左手食指、中指、无名指和小指被突然下降的上模压住，陈某大叫一声，在旁边冲床作业的雷某见状立即跑上前去将该冲床调至“点上”状态，让陈某将左手拉出。发现左手的小指已从第二指节处压断，食指、中指、无名指也只有皮肉相连。在现场的见习组长郭某立即将伤者送至医院，后转至手外科专科医院治疗。

『**事故分析**』

陈某在无辅助工具的情况下将手直接伸入模具危险区取冲压余料属于违章作业，是事故发生的直接原因。设备原有的光电保护装置已缺失，又未配备新的光电保护装置。操作者可能误踩脚踏开关，以致模块下滑导致了事故的发生。这些是事故发生的间接原因。

违章指挥、新工岗位培训管理不规范是事故发生的主要原因。在陈某、卢某等新工未经考核取得上岗证的情况下，车间、班组违章指挥安排其独立上岗操作。另外，车间、班组未配备适当的辅助工具（如磁吸手），在设备本质安全性得不到保证的条件下安排生产，增加了事故发生的可能性。

工装模具的缺陷是事故发生的重要原因。GE 柜外箱冲孔模因设计原因，有一块长 38.5 厘米、宽 15.5 厘米的余料无落料孔，必须由操作者将余料从危险区取出，这是导致不正确取料操作的一个原因。

『**事故教训**』

冲压作业工序因多用人工操作，如用手或脚启动设备，用手工甚至用手直接伸进模具内进行上下料、定料作业。且由于频繁的简单劳动容易引起操作者精神和体力的疲劳而发生误操作，特别是采用脚踏开关的情况下，手脚难以协调，更易做出失误动作，因此，冲压作业中应该严格按照安全操作规程办事，切莫只对表面操作程序简单了解就上机操作，否则极易发生因动作失误而造成切伤手指的事故。

冲压作业包括送料、定料、操纵设备完成冲压、出件、清理废料、工作点布置等操作动作。这些动作常常互相联系，不但对制件质量和作业效率有直接影响，操作不正确还会危害人身安全。

（1）送料。将坯料送入模内的操作称为送料。送料操作在滑块即将进入危险区之前进行，所以操作中必须注意安全。如果操作者不需用手在模区内操作，则是安全的，但当进行尾件加工或手持坯件入模进料时，手要伸入模区，一旦操作失误，就具有较大的危险性，因此要特别注意。

（2）定料。将坯料限制在某一固定位置上的操作称为定料。定料操作是在送料操作完成后进行的，它处在滑块即将下行的时刻，因此比送料操作更具有危险性。由于定料的方便程度直接影响到作业的安全，所以决定定料方式时要考虑其安全程度。

（3）操纵。操纵指操作者控制冲压设备动作的方式。常用的操纵方式有两种，即按钮开关和脚踏开关。当单人操作按钮开关时一般不易发生危险，但多人操作时，会因注意不够或配合不当，造成伤害事故，因此，多人作业时必须采取相应的安全措施。脚踏开关虽然容易操作，但也容易引起手脚配合失调，发生失误，造成事故。

（4）出件。出件是指从冲模内取出制件的操作。出件是在滑块回程期间完成的。对行程次数少的冲压机来说，滑块处在安全区内，不易直接伤手；对行程次数较多的开式冲压机，则仍具有较大的危险性。

（5）清除废料。清除废料是指清除模区内的冲压废料。废料是分离工序中不可避免的，如果在操作过程中不能及时清理，就会影响冲压作业正常进行，甚至会出现复冲和叠冲现象，有时也会发生废料、模片飞弹伤人的事故。

案例十三：未安防护挡板，减压阀飞出致死事故

2004 年某月某日下午，某公司工人甲和工人乙一起操作液压机，压制 DN50 同径三通管件。工作开始时，液压机运转正常。在完成 6 只三通管后，压制第 7 只三通管时，刚压到四分之一，用于卸压的减压阀突然飞出，并击中了甲的腹部，甲当即被击倒在地，乙立即将其扶起，甲脸色发白，称自己眼花，公司将甲送到市人民医院抢救。因腹腔内大量出血，伤势过重，经医院全力抢救无效死亡。

『事故分析』

该液压机操作部位前面有一块钢质防护挡板，在压制操作时应将防护挡板安上，卸压后才能取下挡板。而工人甲为图方便，违反本单位的安全操作规程，在液压机加压前没有按规定安放防护挡板。该公司质量体系作业指导文件中规定："经常检查各行程开关、安全保护装置，以确保可靠工作。"公司总经理曾某于该事故发生前两天的晚上巡查车间现场时，发现甲未按规定操作，未安防护挡板，当场予以批评和纠正。而甲在事发当日操作液压机时仍然没有安放防护挡板，导致本人在事故发生时被机台飞出的减压阀击中受重伤致死。

该公司督促员工执行安全操作规程不力，平时发现职工有违规操作现象而没有采取有力措施加以纠正，安全管理规章制度缺位，安全生产现场监督检查不到位，是发生事故的间接原因。该液压机的安全装置在设计方面存在一定的缺陷，如安全防护挡板的装卸不方便等，也是发生事故的间接原因之一。

『事故教训』

安全意识差是造成伤害事故的思想根源。应该让操作人员牢记：所有的安全装置都是为了保护操作者的生命安全和健康而设置的。

机械装置的危险区就像一只吃人的"老虎"，而安全装置则是关老虎的"铁笼"，如果拆除了设备的安全装置，那么这只"老虎"就会随时伤害人们的身体。

案例十四：改动保护装置造成断指事故

2000 年 3 月 23 日，安徽省某电气设备制造公司冲压车间，因生产量大、任务紧张，需要安排人员进行夜班生产。在夜班生产过程中，一名冲压工刘某被安排在 30 吨冲床上操作，该冲床设置有双手按钮式保护装置，刘某在操作冲床时，为了加快冲压速度，提高产量，在夜班无人巡查的情况下，违反安全操作规程，自作主张，将冲床双手按钮中的一个用牙签顶住，使之处于常开状态下，然后进行单手操作。由于冲床失去安全防护，刘某在送料、取件过程中，不慎操作失误，左手进入冲膛，滑块下行，将刘某左手食指、中指、无名指轧掉5节，造成重伤。现场人员急忙将马某送往医院治疗，因无法断肢再植，造成终生残疾。

『事故分析』

造成事故的直接原因是刘某冒险图快，严重违反冲压作业安全操作规程，操作冲床时，擅自将冲床用牙签顶住其中一个按钮，使冲床双手按钮式保护装置失效，又没有采用手用工具，而是直接用手放置和取出加工件，结果导致事故。这也是事故的主要原因。

造成事故的间接原因：一是该厂安全管理不严，夜班生产不安排车间领导跟班作业，也没有安排夜班安全巡查人员，夜间生产作业安全检查监督不到位。二是该冲床双手按钮式保护装置设计不合理，应改为同步按钮，即按钮必须同时按下时冲床才可以运动，否则冲床应无法运动。

『事故教训』

工作过程中图省事，冒险违章作业，暴露出操作人员安全意识淡薄，工作前未能正确分析危险，作业时消除违章的思想没有落到实处。现场安全管理、监督不力，对职工日常安全教育，特别是针对性技能培训不到位。因此加强职工安全思想教育，做到“三不伤害”（不伤害他人、不伤害自己、不被他人伤害）十分重要。

五、焊接

案例十五：焊枪漏气爆燃致焊工面部严重烧伤事故

某厂铸造车间一台电炉电阻丝烧断，需要焊接修理。焊工曹某上午用气焊对断开处进行补焊。在没有焊完的情况下，就将焊枪乙炔开关关好，放在电炉里。下午上班，曹某穿好工作服，从电炉里拉出焊枪，打开并调整开关进行点火，此时电炉里突然冒出火焰，曹某躲闪不及，造成面部严重烧伤。

『事故分析』

在午休时，焊工曹某并没有关闭乙炔瓶阀门，只是把焊枪乙炔开关关闭，就把焊枪放在了电炉里。但因焊枪开关漏气，乙炔气经过一段时间泄漏，在电炉内积聚，与空气混合后，达到了爆炸浓度范围，形成了具有燃烧爆炸性质的气体混合物。在遇焊枪点火后，即发生了爆燃。

曹某违反乙炔气气焊的相应安全操作规程，是造成该起事故的直接原因。焊枪开关有泄漏点，设备有缺陷，也是该事故的原因之一。该厂安全规章制度执行不力，安全规程不能得到贯彻实施，现场安全监督不到位，是造成该起事故的间接原因。

『事故教训』

乙炔气与空气混合，爆炸极限浓度的范围很宽。如空气乙炔含量为2.5%时，遇火即可燃爆，也就是说空气中只要有少量的乙炔，就可满足燃爆条件。因此必须加强乙炔管理和作业场所通风，防止乙炔积聚发生爆燃。

案例十六：电焊机空载电压致船尾工人触电死亡事故

某船舶修造厂船坞内，正在修理一艘钢质渔船。早7时30分许，无证焊工甲像往常一样用一台电焊机在船甲板上对船体进行焊接作业，乙在船尾准备去锈作业，当乙的手握住靠在船尾的角钢时，当即触电，后退几步后，倒在甲板上，经现场抢救无效死亡。

『事故分析』

现场勘察发现，船坞内该钢质渔船整个船体被条石和枕木垫起，距离地面约0.8米。船甲板上放置的两台交流电弧焊机很破旧，由同一把电源闸刀供电。两台电焊机电源接线桩均已损坏，电源线直接接入电焊机内部线圈绕组的出线端；两台电焊机的输出电缆线均多处破损，两条接地回线接在船舷的同一点。电焊机及船体无其他接地或接零措施。在船尾部立着一根镀锌钢管和一根发锈的角钢，一端靠在船体上，另一端插入地面，用于支撑准备对船体进行去锈油漆的踏板。焊接现场距离变压器20米。经了解，曾有人在触及角钢时，感到有电麻，但都被认为是感应电而未加重视。

在焊接系统中，只要有空载电压存在，能形成回路，就会出现强大电流。焊接过程中的空载电压具有触电引起死亡的充足条件。

由于船体被条石和枕木垫起（无其他接地装置），所以这一电势不会导向大地。靠在船尾的钢管和角钢，虽然一头插入地面，但它与船体相靠的接触点，由于油漆和铁锈等因素存在，电阻值很大，二者之间没有构成通路，因此，船体上所具有的电势始终无法导向大地。而乙当时脚穿拖鞋，手握角钢，加上夏季人体汗液较多，人体表面电阻下降，这样船体通过人体和角钢与大地连通起来，船体电势高，于是形成了回路。

最终经现场勘察和测试分析，认定这是电焊机空载电压引起的触电事故。

『事故教训』

在电焊时要注意以下事项：

（1）严格按照电焊机的安全操作规程，正确使用电焊机。焊前应检查电焊机和工具是否完好，如焊钳和电缆绝缘，电焊机外壳接地情况，各接线是否牢固可靠等。接线应请专业电工进行。焊工应持证上岗。

（2）在电焊机上尽量安装使用空载自动断电保护装置，这样既可避免空载电压触电危险，又可节省空载电耗。

（3）按规定采取保护接地或接零措施。在与大地隔离或接地不良的焊件上焊接时，应注意防止在焊件与大地之间形成“脚—脚”或“手—脚”的跨步电压触电。

（4）当利用系统管道、厂房的金属构架、轨道或其他金属物搭接作为焊接接地回线时，要首先检查电焊机二次线圈或上述接地回线系统等是否接地良好，否则，行人触及接地回线系统，就有可能造成触电事故。

（5）在通电的情况下，不得将焊钳夹在腋下而去搬弄焊件或将焊接电缆线绕挂在脖颈上；在移动焊接电缆线或接地回线时，手不要捏在导线的裸露部位；更换焊条或用手捏住焊件进行点焊固定时，一定要戴好电焊专用手套。否则，空载电压极易通过人体而形成回路。

（6）尽量避免在潮湿的地方和雨雪天气进行焊接作业，否则，应特别加强个体防护。在这种环境下作业，焊工严禁穿带有铁钉的皮鞋或布鞋，其他环境也不宜，否则易受潮导电，必要时垫木板、橡胶垫等进行隔离。

（7）焊工应严格按规定穿戴好个体劳动防护用品，在锅炉容器内进行焊接作业，严禁赤膊。

案例十七：电阻焊配合失误致手指骨折事故

某厂工具车间师傅甲带领徒工乙使用电阻对焊机焊接刀具。甲在往电极夹钳上装卡焊件、找正位置时，口头指挥乙支垫工件尾部。当气动的夹钳上臂压下时，乙尚未抽出的右手食指被挤于工件尾部和垫铁之间，造成食指末端破裂及开放性骨折。

『**事故分析**』

甲、乙师徒二人协同工作中配合不协调，师傅甲在启动电极夹钳下压时，没有提醒徒工乙注意，也没有得到徒工乙的回应。徒工乙在支垫工件时，手持垫铁的方式不正确，不应用手指上下握持垫铁。二人配合失误、操作姿势有误是造成该起事故的直接原因。

『**事故教训**』

（1）两人协作要密切配合，事先约定口语联系的方式，得到信号后再动作设备。

（2）应制作专用工具夹持垫铁，避免手指介入夹钳钳口。

（3）改进电焊机夹具的工艺性能，使之可偏转角度，并能做上、下及水平方向移动。

（4）加强安全技术学习，提高安全生产技能。

案例十八：不穿劳保用品电焊导致触电昏迷事故

某年，某公司供水管线漏水，需要焊接作业进行补焊。为排出现场积存的水，以便焊接正常进行，临时安装一台水泵，往外抽水。焊工甲等人将电焊机拉到现场，直接穿着帆布鞋就进行施焊。在焊完一根焊条后，焊工甲右手拿着新焊条往焊钳上夹时，一声惊叫，然后倒地昏迷。

『**事故分析**』

焊工甲等人在观察现场情况后，认为焊接工作量不大，没有必要专门跑回去取长筒水鞋。

这次事故是焊工甲施焊过程中，其手套和工作鞋、工作服都已潮湿，在他更换焊条时，空载电压加于人体，使较大电流通过手、人体、脚部，与大地构成回路，发生电击。

『事故教训』

电焊机工作电压为 30～40 伏，而空载电压可达 80 伏。焊工更换焊条时往往在不停机情况下进行，因此人体就接触到 80 伏电压。一般情况下，由于施焊时穿戴绝缘鞋和帆布手套，会限制流经人体的电流。

在潮湿场所、金属结构上和金属容器内施焊，必须保持手和脚部的一定绝缘程度，并遵守相应的安全规定。

在焊接过程中，电焊机的软线长期在地上拖拉，致使电线绝缘可能损坏破裂，容易发生触电事故。

案例十九：非专业焊工高处焊接致死事故

某单位基建科副科长甲未用安全带，也未采取其他安全措施，便攀上屋架，替换焊工乙焊接车间屋架角钢与钢筋支撑。工作 1 小时后，辅助工丙下去取角钢料，由于无助手，甲便左手扶持待焊的钢筋，右手拿着焊钳，闭着眼睛操作。甲先把一端点固上，然后左手把着只点固一端的钢筋探身向前去焊另一端。甲刚一闭眼，左手把着的钢筋因点固不牢，支持不住人体重量，突然脱焊，甲与钢筋一起从 12.4 米的屋架上跌落下来，当即死亡。

『事故分析』

基建科副科长甲不是专业焊工，事故发生时无监护人，登高作业未用安全带，也无其他安全设施。

『事故教训』

操作人员工作图省事，冒险作业，严重违反了安全规程，暴露出安全意识淡薄，执行规章制度随意性大，违章行为时有发生。

施工人员要严格执行安全管理规定，作业时精力集中，高处作业做好防高坠、防高空落物及下部设好围栏等防护措施，工作前分析危险、工作中消灭违章，做到自我约束、相互提醒、相互监督，确保现场作业安全。

要认真吸取教训、举一反三，加大现场监管力度，加强职工安全教育，提高安全防范意识，杜绝类似事件的发生。

案例二十：无证上岗，触电身亡

2002 年 6 月 17 日，山西河津市某安装公司对某氧化铝厂 3 号熟料烧成窑进行大修。下午 17 时，临时工何某在窑尾焊接钩钉，不慎触电，送医院抢救无效死亡。

『事故分析』

事后调查确认，电焊机为 BX3 －300 －1 型交流焊机，性能正常；一次线、二次线、焊钳经外观检查无漏电现象，测量绝缘电阻均超过 1 兆欧。事发时，何某手戴帆布手套，未戴焊工绝缘手套，脚穿回力球鞋，未穿绝缘鞋；窑体内温度达 40 摄氏度以上，由于长时间作业，身体十分疲劳，且出汗严重，手套、鞋子、衣服已经湿透，手套、鞋子已基本失去绝缘能力，尽管并无水蒸气，但身体外表水分含量很大，更容易触电。

『事故教训』

施工单位安全管理存在漏洞，管理不严。

临时工何某被施工单位雇用后一直未接受正规的三级安全教育，安全意识和安全技能较差，何某无证施焊，不具备最基本的焊接知识和技能，很易发生事故。

六、喷涂

案例二十一：未佩戴劳保用品，导致职业病

李某，男，39 岁，某机械厂喷漆工。2005 年 9 月 2 日，他因头昏、眼花、全身无力，在当地医院进行骨髓细胞学检查，被诊断为骨髓增生异常综合征。因无钱治病，李某在医院住了不久之后只能出院。亲属怀疑他是在工作中接触油漆导致患病，2005 年 11 月 11 日向当地卫生监督部门举报。卫生部门对李某所在的作业场所进行职业病危害因素检测，发现苯超标 8 ~17 倍，二甲苯超标 1.8 ~ 6.3 倍，李某每天在无任何防护设施的环境里工作 8 ~10 小时。11 月 29 日，当地疾控中心根据职业史、现场检测资料等，诊断李某患上职业性慢性重度苯中毒（骨髓增生异常综合征）。

『事故分析』

李某所在的作业场所有毒有害气体严重超标，李某每天在无任何防护设施的环境里工作，不佩戴劳动保护用品，没有做到预防在先。

该工厂领导没有高度重视工厂环境，使事故隐患没有得到及时消除，发现事故隐患没有整改。

『事故教训』

从业人员在劳动生产过程中应履行按规定佩戴和使用劳动防护用品的义务。

按照法律、法规的规定，为保障人身安全，用人单位必须为从业人员提供必要的劳动防护用品，以避免或者减轻作业中的人身伤害。但在实践中，由于一些从业人员缺乏安全知识，存在侥幸心理或嫌麻烦，往往不按规定佩戴或使用劳动防护用品，由此引发的劳动伤害事故时有发生。另外，有的从业人员由于不会或者没有正确使用劳动防护用品，同样也难以避免受到人身伤害。因此，正确佩戴和使用劳动防护用品是从业人员必须履行的法定义务，这是保障从业人员安全和生产经营单位安全生产的需要。

职业健康检查分为：

（1）岗前健康检查，指对准备从事某种作业的人员在参加工作以前进行的健康检查，目的在于获得受检者的基础健康资料，尤其是与从事该作业可能产生的健康损害有关的状况和基本生理、生物化学参数。另一目的是发现职业禁忌证。

（2）在岗健康检查，是指为发现职业性有害因素对职工健康的早期损害或可疑征象，按一定时间间隔对从事某种作业人员的健康状况所进行的检查。

（3）离岗健康检查，是指职工调离当前工作岗位时所进行的检查，其目的是发现被检者已从事的职业是否已对健康造成了不良影响，如有影响的话，影响程度如何；同时，可为下一岗位就业前健康状况提供基础资料。

案例二十二：禁烟区吸烟致火烧喷漆台事故

某年，某电动机厂电扇车间油漆工段长兼操作组长甲上大夜班。凌晨1时40分，甲点燃香烟后，随手将火柴梗扔在喷漆台上，立刻引燃喷漆台上易燃物体，最终导致电扇车间三幢厂房和室内设备及产品均被烧毁，经济损失巨大，幸未造成人员伤亡。

『事故分析』

油漆工段长兼操作组长甲在禁火区吸烟，并随意将未灭的火柴梗扔在喷漆台上，是造成本起事故的直接原因。而作为油漆工段长兼操作组长，甲是明知在油漆工作场所禁止用火的，却执意违反安全生产规章制度，主观方面的安全意识是非常薄弱的，这是思想方面的原因。

『事故教训』

遵守安全规章制度。

涂装车间的职工都应熟知防火知识、火灾类型及其扑灭方法，还应学会使用各种消防工具，一旦发现火警，尤其在电器附近着火时，应立即切断电源，以防火灾蔓延和产生电击事故。当工作服上着火时切勿惊慌奔跑，应就地打滚将火熄灭。当粉尘（如粉末涂料和铝粉颜料等）着火时，不能使用水灭火，以避免扩大火灾面积。

所有的火灾都可以通过抑制3个基本因素（即热、燃料、氧气）被扑灭。大多数灭火剂的工作原理是降低燃烧物的温度和隔离空气。想有效地使用灭火剂，必须将灭火剂对准火焰的底部。灭火剂应定期检查，并安放在车间方便取得的地方。

七、其他常见事故案例

案例二十三：不停机抹干油致齿轮绞手事故

某厂铆工段工人范某在使用卷板机时，因发现滚筒振动并发出声响，便去检查测听滚筒轴承和齿轮。范某打开滚筒后部的大齿轮安全护罩，见齿轮是因为没有油才发出声响，便取来干油在转车时用毛刷蘸干油为齿轮抹油。抹油时齿轮咬合处一下子将毛刷带进，范某措手不及，右手也被带进至手腕处，范死命强拽将被绞碾粉碎的右手拽掉。事故示意如图5—1所示。

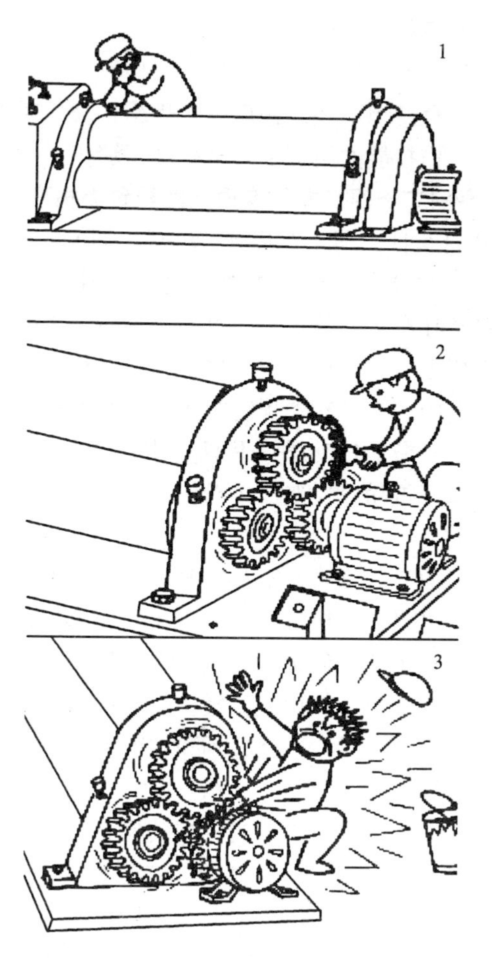

图 5—1　事故示意图

『事故分析』

该工人思想麻痹，在卷板机运转情况下，范某用毛刷为转动的大齿轮抹干油，严重违章操作，是造成该起事故发生的直接原因，致使其右手被绞掉的重伤事故，落下终生残疾。此外，加装安全防护装置对该事故的发生也起一定的预防作用。假设加设安全联锁，在开机状态，安全防护罩就无法打开，这样安全性就会得到很大程度的提升，本次事故也可以避免。

『事故教训』

作业人员安全意识不强，违反操作规程，公司对作业人员的安全知识、安全操作技能的培训及安全教育不够。

案例二十四：操作麻痹大意导致断指事故

2005年8月5日，湖北省某重型机械厂铆工段工人张某和尹某按照工作安排，共同在液压切板机上进行一批薄铁板条的切割作业。操作中张某在右，尹某在左，每次入料后二人需协调配合推动调整板材，看好各自边的尺寸线，再由尹某操作固定压脚和切刀两手柄。连续作业中，在一次整板切割还剩很小的边料时，尹某见两边尺寸对线，便机械地拉动压脚手柄，只听“啊”的一声大叫，张某的右手三指被压得粉碎，造成人身伤害事故。

『事故分析』

切板机工作面有2米宽，2人各把一边，相距较远。切板数量大，每次都要经过入料、检查尺寸、调整、压脚定位、切割，长时间重复操作后会产生疲惫的机械动作。而整板剩余小料时，按规定应手持调整板辅助推拨窄料调整位置。因二人长时间切割操作已非常熟练，嫌麻烦未采用上述方法，而直接用手在压脚空位调整窄料。但手一旦偏离压脚空位，二人稍有配合失误，便会发生压手事故。由于二人长时间重复操作形成机械动作，再加上违章操作，从而引发压手事故。

『事故教训』

车间以及班组没有进行针对性的安全教育。作业人员安全意识不强，生产作业中监管检查不力。

案例二十五：违章作业被高压气体冲击受伤

某机械厂空压站青工张某奉命在空压机房拆除100立方米空压机高压缸气阀，张某清除排气阀内的积炭时未先关闭100立方米空压机输送管道的闸阀，致使风管内的气体（0.5兆帕）通过三台空压机共用储气罐的互通管道窜至张某正在拆除的100立方米空压机阀室，阀室内的气体将阀盖套冲出约6米，打在水泥地面后又反弹，击中正在拆除阀盖螺栓的张某，造成张某肩、肋骨及大腿三处骨折。

『事故分析』

1. 张某作业前未按规定关闭空压机输出管道闸阀，是造成这起事故的直接原因。

2. 张某安全意识淡薄，作业中放松警惕冒险作业，虽然工作才两年，但应该知道拆阀盖前先卸压这个基本的操作知识。这是造成这起事故的间接原因。

『事故教训』

企业对每一项作业都应制定安全操作规程，并对员工进行培训，使其掌握正确的操作方法和了解不遵守安全操作规程的后果，以避免惨剧的发生。

案例二十六：操作电葫芦失误造成钢板歪倒致死事故

2000 年 9 月 21 日，青海省某机修工段铆焊班的刘某，操作 5 吨电葫芦吊移一块 4.9 吨重的钢板到位后，按下按钮，下落钢板。当钢板接触地面时，由于刘某操作失误，没有立即停按按钮，吊钩继续下落。这时，吊钢板的钢丝绳没有受力，致使吊钩内的绳扣从钩内窜出，钢板歪倒砸在距墙 0.5 米远的工具箱上，造成工具箱倾倒，将站在箱后的工人李某挤到墙上。现场人员发现后，立即展开救援，将李某送到医院抢救，但是因伤势严重，经抢救无效死亡。

『事故分析』

造成事故的直接原因是操作电葫芦的刘某未按标准化操作。当钢板与地面接触时，吊钩下落，应立即停按按钮，但刘某却未停止，导致绳扣从钩内窜出，钢板倾倒挤人死亡。

造成事故的间接原因是安全管理上存在缺陷，厂矿、车间、工段对铆焊工人员操作电葫芦教育不够，最基础的操作常识掌握不到位，职工安全意识淡薄，违章操作。

『事故教训』

操作人员必须经过专业技能安全培训，掌握一定的操作技能，并通过安全考试。

操作人员必须做到“我的安全我负责，别人的安全我有责”。

案例二十七：急于回家，绞掉双指

某单位机修车间刚入厂5个月的女工成某在立式铣床上帮助师傅干活。下午快下班时，师傅要到工具库一趟，让她看着机床。到下班时间时，她急于下班回家，在停止机床前，就用冷却立铣刀的肥皂水洗手。由于双手接近旋转着的铣刀，不幸将右手的小指和无名指绞掉，造成伤害。

『**事故分析**』

1. 发生这起事故的直接原因是成某违反安全操作规程，未停机床就在刀具附近洗手。

2. 发生这起事故的间接原因是成某缺乏安全知识。自以为洗手时已十分小心，手并没有接近铣刀，但其实对旋转着的物体是无法分辨清楚其真正位置的，看着似乎没有接近铣刀，实际已经接触上了，从而造成了伤害。

『**事故教训**』

从事机械作业应该按照操作规程执行，不能急于求成，违反操作规程将酿成事故。

案例二十八：违章操作绞掉头皮

周末本应该是休息的日子，但是某机械厂由于实行了新的计件工资制，许多工人自发组织加班，以求增加收入。某周末，机加工车间女车工尹某，在车间领导安排她加班而她本人没有时间的情况下，擅自请了本厂当铸造工的丈夫替代操作车床。尹某从市场买菜回来，因考虑到丈夫车工技术不熟练怕出废品，连忙去车间探望。到车间后不久，尹某发现车床刀架紧固螺钉松动，她在未停车的情况下，违章伸手去帮忙拧螺钉，由于尹某未按安全操作规程要求戴工作帽，致使自己的长发被卷入车床丝杆上，等其丈夫发现时又不知道如何关掉车床电源开关，而是抱着尹某的身体向后拉，结果头发越拉越紧。当另一工人发现并关掉车床电闸时，尹某满头秀发连同头皮已被全部撕掉，左手也撕去一块，造成一起惨不忍睹的重伤事故。

『事故分析』

造成这起事故的直接原因是一连串的违章，首先是尹某违反有关规定，擅自让其丈夫代替自己操作车床；其次是在未停机的情况下紧固螺钉，这也是安全操作规程严格禁止的；再次是操作车床不戴工作帽，导致长发被车床丝杆缠绕，造成严重伤害事故。

造成事故的间接原因，则是安全管理工作太差，一连串的违章无人纠正、无人制止，估计在当天工人加班的情况下，工厂、车间领导无人到场，如果确实这样，就属于严重失职。

虽然尹某未直接操作车床，但是也应与操作者一样穿戴同样的防护用品，即必须穿好工作服，并扎紧袖口。在生产中，女同志须戴防护帽并将长发塞进帽子里，加工硬脆工件或高速切削时，须戴防护眼镜。

『事故教训』

类似于这样的事故，一般发生在规章制度和安全管理都不严格的情况下。

生产中应正确使用劳动防护用品，在旋转机械附近，身上的衣服等物一定要收拾利索，如要扣紧袖口，不要戴围巾等。在操作旋转机械时一定要做到工作服的“三紧”，即袖口紧、下摆紧、裤脚紧，不要戴手套、围巾，女工的发辫更要盘在工作帽内，不能露出帽外。

案例二十九：镗杆螺钉凸出致死事故

某年，某工厂机修车间大修工段镗工甲，在镗床上加工零件，挂上自动进刀后就背向工件，不慎将身体倾靠在工件上，衣服被旋转固定刀杆的外露螺钉绞住，将其身体绞倒，脊椎骨折，被邻近操作者发现后，送医院抢救无效死亡。

『事故分析』

固定刀杆的螺钉原是内六角螺钉，已丢失，张某用长约 40 毫米的外六角螺钉代替使用。外六角螺钉向外露出刀杆 30 毫米，并随轴转动。操作时螺钉挂住镗工甲的衣服后绞绕，致甲死亡。这是该起事故的直接原因。

安全意识低是造成伤害事故的思想根源，是本起事故的重要原因。

『事故教训』

镗床刀杆旋转速度较慢，旋转幅度较大，可以产生较大的力矩。有些人看到刀杆旋转较慢，产生麻痹思想，不注意安全操作，分散精力，随意更换螺钉，看似不起眼的小问题酿成大祸，这也反映出该厂安全规章制度执行不力，现场安全监督检查缺位。

案例三十：乱开电瓶车，重伤二人

某厂机加工车间刚入厂的车工陈某，在午间休息时间，到与其同时入厂的电瓶车司机周某的电瓶车驾驶室内，一边与周某闲聊，一边随便用手、脚乱动开关。由于电瓶车总电源没有断开，无意中将电瓶车开动，并向前行驶。不幸将前方 2 名工人撞挤到墙上，各挤断一条腿骨，造成重伤。

『事故分析』

1. 并非司机的车工陈某动他人的车，且对车的情况不熟悉，对安全操作规程不熟，乱动开关，这是造成这起事故的直接原因。

2. 电瓶车司机周某在午间车子停驶时，未将总电源开关断开，且未阻止陈某在自己的车上乱动开关的行为，这是造成这起事故的间接原因。

『事故教训』

首先，工作中不应违反规定擅自操作他人使用的设备。

其次，设备使用人对他人随便操作自己使用的设备的行为应予以阻止。

直接从事生产劳动的职工，都要使用设备和工具作为劳动手段，而设备、工具在使用过程中其本身和环境条件都可能发生变化。不分管或不在自己分管时间内，可能对设备性能的变化不清楚，擅自动用极易导致事故。

案例三十一：逞强操作锻锤，砸掉双手

某厂锻造车间新进来一名大学生赵某，被分到工段进行劳动锻炼。锻炼5个月后，他认为自己能独立操作锻锤，并要求倒班单独干。老师傅根据其锻炼情况，认为他还不具备条件，并劝他全面掌握技术后再单独作业。但他不听劝阻，一意孤行，师傅无奈，便让他单独干。

5天之后，赵某由于在作业中遇到了突发情况，并做了错误的处置，导致双手被锤头砸伤，造成终身残疾。

『事故分析』

1. 赵某并未完全掌握锻锤技术，在不具备条件的情况下单独作业，这是造成这起事故的直接原因。

2. 他的师傅没有按制度办事，在赵某尚不具备条件的情况下就同意其单独作业，这是造成这起事故的间接原因。

『事故教训』

工作中不能逞强，要脚踏实地地反复学习和实践，只有全面掌握技术之后，才能独立承担工作，否则，将会造成不可挽救的伤害。

案例三十二：维修工麻痹大意，违章作业被砸死

某年，一工厂在生产过程中，一台设备发生故障，维修工陈某前来检查修理。经修理后，开机试运行，但是运行仍不正常，于是再次将设备吊起0.6米高。在无任何支撑等安全措施的情况下，维修工陈某伸头查看机内情况，此时吊绳突然断裂，设备落下，维修工陈某被当场砸死。

『事故分析』

维修工陈某麻痹大意，违章作业，在没有任何支撑的情况下，在吊物下方作业，这是造成这起事故的直接原因。被吊物悬空时，严禁行人在吊物和吊臂下停留或穿行。之所以这样规定，是因为一切吊运中的物体都有坠落的可能，而物体坠落就有伤人的危险。

该厂安全管理存在漏洞，作业现场的安全工作无人监管。起重吊绳存在缺陷，没有及时发现并更换。

『事故教训』

制定并落实完善的作业方案及安全防范措施，加强人员安全意识，做到施工前分析危险，作业时消除违章。凡有起重机械运行作业的岗位，都要求地面人员及时避让吊物，不准在吊物下方穿行，更不准在吊物下方作业。

案例三十三：脚蹬氧气瓶致工人被炸死事故

某年，在某重型机械厂，铆工段某因急用氧气，在未征得领导同意情况下，即临时让装配工刘某、陈某去充氧站拉了一车氧气瓶，在厂门口卸车时，门卫喊陈某去接电话。在陈某离开时，刘某就自己卸车。但他一个人搬氧气瓶挺费劲儿，就用脚蹬气瓶，使之滚动到车厢边。再抛掀下一个氧气瓶到地面上。在抛落第三个氧气瓶时，发生爆炸，刘某当场死亡。

『事故分析』

装配工刘某未经过气瓶使用安全培训和考核，没有操作许可。其并不知道搬运氧气瓶有专门的技术要求，也不知道氧气瓶装卸的常识。其在独立操作时，图省事，采用脚蹬、抛掀的办法卸载氧气瓶，钢瓶从 1 米的高处被抛落撞击地面，瓶内氧气受突然振荡产生瞬间超压而导致爆炸。这是造成该起事故的直接原因。在装满氧气的钢瓶内气压达到一定数值时，且由于多种因素导致温度较高，就极可能发生爆炸。在对该爆炸气瓶检验后发现，其瓶壁因受腐蚀已低于设计厚度，使得气瓶承压能力已无法满足设计要求。这也是该事故发生的一个重要原因。

『事故教训』

气体钢瓶的搬运要避免敲击、撞击及滚动。阀门是最脆弱的部分，要加以保护，因此，搬运气瓶要注意遵守以下的规则：

搬运气瓶时，不使气瓶突出车旁或两端，并应采取充分措施防止气瓶从车上掉下。

不可用磁铁或铁链悬吊，可以用绳索系牢吊装，每次不可超过一个。如果用起重机装卸超过一个时，应用正式设计托架。

气瓶搬运时，应罩好气钢瓶帽，保护阀门。

避免使用染有油脂的人手、手套、破布接触搬运气瓶。搬运前，应将连接气瓶的一切附件如压力调节器、橡皮管等卸去。

第六章　事故应急救援与处置措施

第一节　基础知识

所谓应急救援与处置，是指为消除、减少事故危害，防止事故扩大或恶化，最大限度地降低事故造成的损失或危害而采取的救援措施或行动。

员工掌握一定的应急救援知识，对于处理紧急事故，防止和减少伤亡事故有重要的意义，企业在日常安全生产教育培训中，要介绍本单位危险源的位置、发生事故的类型、事故后果的严重程度、事故救援的程序及方法等，并组织员工进行演练。

一、事故应急救援与处置程序

（1）发现紧急情况后，事故现场人员应立即上报单位领导，如事态严重，应直接拨打 119 报警。

（2）立即疏散事故现场人员。

（3）实施警戒治安，避免无关人员进入现场。

（4）立即采取现场行之有效的救护措施，对受伤人员实施救护和对事态进行控制。

（5）及时将受伤人员送医院救治。

（6）及时报告有关救援部门。

二、受伤人员的伤情判断

1. 有无意识判断

判断：受伤人员对于问话、拍打肩膀、紧捏手指等刺激均无反应，说明已无意识。

措施：无意识时必须呼救并实施急救措施。

2. 有无呼吸判断

判断：目测受伤人员胸部的起伏情况，用耳朵测听呼吸。

措施：保持呼吸道畅通，如果呼吸停止，必须马上进行人工呼吸。

3. 有无脉搏判断

判断：测试脉搏时应将指尖轻轻放在受伤人员的颈动脉或股动脉处。

措施：若感觉不到脉搏，则需立即进行胸外心脏按压。

4. 有无大出血判断

判断：动脉出血时，血液呈喷射状，血色鲜红，危险性大；静脉出血时，血流较缓慢，血色暗红，呈持续状；毛细血管出血时，血色鲜红，从伤口处渗出，常自动凝固而止血，危险性较小。

措施：必须采取措施立即止血。

三、几种常见的救护方法

1. 心肺复苏

心肺复苏（Cardiopulmonary Resuscitation，CPR）是针对骤停的心跳和呼吸采取的救命技术。

其救护对象为意外事件中心跳和呼吸停止的伤员或病人，而非心肺功能衰竭或绝症终期病患。

实施心肺复苏的具体步骤：

（1）判断患者有无意识。轻拍伤员的肩部，并大声呼喊，如果伤员没有反应（如睁眼、说话、肢体活动等），说明没有意识。

（2）明确抢救的体位。伤员正确的抢救体位是水平仰卧位，即伤员平卧，头、颈、躯干不扭曲，两上肢放在躯干旁边；抢救者应跪在伤员肩部上侧，这样不需要移动自己膝部，就可依次进行人工呼吸和胸外心脏按压。

（3）保持伤员呼吸道畅通。解开伤员的领带、衣扣，救护人一手压额，使伤员头部后仰，另一只手的食指、中指置于下颌骨下方。将颌部向前抬起，使咽喉和气道在一条水平线上。清除伤员口鼻内的污物、土块、痰、涕、呕吐物，使呼吸道通畅。必要时嘴对嘴吸出伤员口鼻中阻塞的痰和异物。

（4）判断伤员的呼吸（要在 3 ~ 5 秒内完成）。看胸部有无起伏，听有无出气声音，用脸感觉有无气流拂面。如无呼吸，立即进行人工呼吸。

（5）人工呼吸。保持伤员的气道畅通。用压前额的那只手的拇指、食指捏紧伤员的鼻孔，另一只手托下颌。如果伤员的牙关紧闭或口腔严重受伤，可用一只手使伤员的口紧闭，做口对鼻人工呼吸。一次吹气完毕后，救护者与伤员的口脱开，并吸气准备第二次吹气。

按以上步骤反复进行，吹气频率为12～15次/分。

（6）判断伤员脉搏。若有脉搏，继续做人工呼吸；若无脉搏，进行胸外心脏按压。

（7）胸外心脏按压。将一只手的掌根按在伤员胸骨中下切迹上，两指平放在胸骨正中部位，另一只手压在该手的手背上，双手手指均应翘起不能平压在胸壁上，双肘关节伸直，利用体重和肩臂力量垂直向下挤压。使胸骨下陷4厘米左右，略停顿后在原位放松，但手掌根不能离开胸壁定位点。

单人抢救时，每按压30次后吹气2次，反复进行；双人抢救时，每按压5次后由另一人吹气1次，反复进行。

2. 止血的方法

当一个人一次失血量不超过血液总量的10%时，对健康无明显影响，并且失去的血量能很快恢复；当失血量超过30%时，就可能危及生命。

毛细血管出血：血液从伤口渗出，出血量少，色红，危险性小，只需要在伤口处盖上消毒纱布或干净手帕等，扎紧即可止血。

静脉出血：血色暗红，缓慢不断流出。一般抬高出血肢体以减少出血，然后在出血处放几层纱布，加压包扎即可止血。

动脉出血：血色鲜红，出血来自伤口的近心端，呈搏动性喷血，出血量多，速度快，危险性大。动脉出血时一般采用间接指压法止血。即在出血动脉的近心端用手指把动脉压在骨面上，予以止血。

3. 骨折急救

骨折的急救是指在骨折发生后进行的及时处理，包括检查诊断和必要的临时措施。正确的急救措施可有效减轻伤员的痛苦，并为医生的救护争取宝贵的时间。

现场处理方法如下：

肢体骨折可用夹板、木棍、竹竿等将断骨上、下方两个关节固定，若无固定物，则可将受伤的上肢绑在胸部，将受伤的下肢同健肢一并绑起来，避免骨折部位移动，以减少疼痛，防止伤势恶化。

开放性骨折且伴有大量出血者，先止血，再固定，并用干净布片或纱布覆盖伤口，然后速送医院救治，切勿将外露的断骨推回伤口内。

若在包扎伤口时骨折端已自行滑回创口内，则到医院后，须向负责医生说明，提请注意。

如有颈椎损伤，则使伤员平卧后，将沙土袋（或其他代替物）放置在头部两侧以使颈部固定不动。

腰椎骨折应使伤员平卧在硬木板（或门板）上，并将腰椎躯干及两下肢一同进行固定预防瘫痪。搬运时应数人合作，保持平稳，不能扭曲。平地搬运时伤员头部在后，上楼、下楼、下坡时头部在上，搬运中应严密观察伤员，防止伤情突变。

第二节 火灾逃生与自救

一、灭火

1. 灭火的基本方法

初起之火最易扑灭，即使火势较猛，也要集中全力进行扑救，这样，也许不能将火完全扑灭，但也能控制火势蔓延。扑灭初起之火，应当分秒必争，在报警的同时，要争取时间采用各种方法灭火，万不可坐等消防队的到来而失去灭火时机。

要懂得怎样救火，首先要懂得什么是燃烧。燃烧必须具备可燃物、着火源和氧气这 3 个条件，因而灭火的基本方法是抑制其中任何一个条件，即隔离法，去掉可燃物；冷却法，降低燃烧物的温度；窒息法，使可燃物与空气隔绝。

（1）隔离法。把燃烧的物质与未燃烧的物质隔开，中断可燃物的供给，使其停止燃烧，如用泡沫灭火。

（2）冷却法。将灭火剂直接喷射到燃烧物上，把燃烧物的温度降低到燃烧点以下使燃烧停止；或者将灭火剂喷洒在火源附近的可燃物上，使其不受火焰辐射，避免形成新的火点。如采用清水灭火器和二氧化碳灭火器灭火。

（3）窒息法。阻止空气流入燃烧区或用不燃烧的惰性气体冲淡空气，使燃烧物得不到足够的氧气而熄灭。如采用泡沫灭火剂和二氧化碳灭火剂等灭火。

2. 灭火剂与灭火器的选择与使用

为了能迅速扑灭火灾，必须根据现代的防火技术、生产工艺过程的特点、着火物质的性质、灭火剂的性质及取用是否便利等来选择灭火剂或灭火器。常用的灭火剂有水、泡沫液、二氧化碳、干粉、卤代烷等，常用的灭火器为泡沫灭火器、二氧化碳灭火器、干粉灭火器、高效阻燃灭火器等。

下面就这几类灭火剂和灭火器的性能及应用范围和使用做简单介绍。

（1）水。水是最常用的灭火剂，水能从燃烧物中吸收大量热量，使燃烧物的温度迅速下降，使燃烧终止。水在受热汽化时，体积增大 1 700 多倍，当大量的水蒸气笼罩于燃烧物的周围时，可以阻止空气进入燃烧区，从而大大减少氧的含量，使燃烧因缺氧而窒息熄灭。此外，水还能稀释或冲淡某些液体或气体，降低燃烧强度；能浸湿未燃烧的物质，使之难以燃烧；还能吸收某些气体、蒸气和烟雾，有助于灭火。

使用注意事项：

密度小于水和不溶于水的易燃液体引发的火灾，如汽油、煤油、柴油等油品，以及苯类、醇类、醚类、酮类、酯类及丙烯腈等大容量储罐，如用水扑救，则水会沉在液体下层，被加热后会引起爆沸，使可燃液体飞溅和溢流，使火势扩大。密度大于水的可燃液体，如二硫化碳，可以用喷雾水扑救，或用水封阻火势的蔓延。

遇水产生燃烧物的火灾，如金属钾、钠、碳化钙等，不能用水灭火，而应用沙土灭火。

硫酸、盐酸和硝酸引发的火灾，不能用水流冲击，因为强大的水流会使酸飞溅，遇可燃物质，有引起爆炸的危险。而酸若溅在人身上，会灼伤人。

电气火灾未切断电源前不能用水扑救，因为水是良导体，容易造成触电。

高温状态下化工设备引发的火灾不能用水扑救，以防高温设备遇冷水后骤冷，引起变形或爆裂。

（2）泡沫灭火剂。泡沫灭火剂是扑救可燃易燃液体的有效灭火剂，它主要是在液体表面生成凝聚的泡沫漂浮层，起隔离和冷却作用。

使用注意事项：

泡沫灭火器适用于固体物质火灾、可燃液体火灾的扑灭；不适用于可燃气体火灾的扑灭。

使用时要将灭火器材颠倒，并左右摆动，使药剂充分混合。会对环境造成污染，使用时应注意保护环境。药剂每年应更换一次。

（3）二氧化碳灭火剂（MT）。二氧化碳在通常状态下是无色无味的气体，相对密度为1.529，比空气重，不燃烧也不助燃。将经过压缩液化的二氧化碳灌入钢瓶内，便制成了二氧化碳灭火剂。从钢瓶里喷射出来的固体二氧化碳（俗称干冰）的温度可达－78.5摄氏度，固体二氧化碳汽化后，二氧化碳气体覆盖在燃烧区内，除了起窒息作用之外，还有一定的冷却作用，从而使火焰熄灭。

使用注意事项：

由于二氧化碳不含水、不导电，所以可以用来扑灭精密仪器和一般电气火灾，以及一些不能用水扑灭的火灾。

二氧化碳灭火器适用于可燃液体火灾和可燃气体火灾。

二氧化碳灭火器不宜用来扑灭金属钾、钠、镁、铝等及金属过氧化物（如过氧化钾、过氧化钠）、有机过氧化物、氯酸盐、硝酸盐、高锰酸盐、亚硝酸盐、重铬酸盐等氧化剂引发的火灾，也不适用于固体物质火灾。使用人员易冻伤。每3个月需检查一次质量，若质量减少则应重新灌充。

(4) 干粉灭火剂（MF）。干粉灭火剂的主要成分是碳酸氢钠和少量的防潮剂（包括硬脂酸镁及滑石粉）等。

使用注意事项：

用于扑灭易燃液体、易燃气体、可燃固体、可燃液体、可燃气体、轻金属及带电设备的火灾。

一些扩散性很强的易燃气体，如乙炔、氢气，用干粉喷射后难以使整个范围内的气体稀释，灭火效果不佳。

不宜用于精密机械、仪器、仪表的灭火，因为在灭火后会留有残渣，影响机械精度。在使用干粉灭火时，要注意及时冷却降温，以免复燃。易受潮结块而不能使用，所以应及时检查更换。每3个月需检查一次压力表，药剂有效期一般为3年。具有腐蚀性。

(5) 卤代烷灭火剂。我国使用的卤代烷灭火剂主要是“1211”（即二氟一氯一溴甲烷）。卤代烷灭火剂不能扑灭自身能供氧的化学药品、化学活泼性大的金属、金属的氢化物和能自燃分解的化学药品所引发的火灾。为了保护大气臭氧层，我国于2005年停止生产卤代烷灭火剂。

使用注意事项：“1211”灭火器主要用于扑灭精密仪器场所的火灾。“1211”灭火器适用于固体火灾、可燃液体火灾和可燃气体火灾，对可燃液体火灾和可燃气体火灾尤其有效。“1211”灭火器重量轻、容积小、效果大、不腐蚀、不污染、药剂持久。使用“1211”灭火器会破坏臭氧层，现逐步被淘汰。

(6) 高效阻燃灭火器。高效阻燃灭火器适用于固体火灾、可燃液体火灾和可燃气体火灾及电气火灾的扑灭，其效果好、重量轻，药剂无毒、无污染，具有阻燃、灭火双重功效，药剂持久，可反复使用，为国内“1211”灭火器的最佳替代品。

(7) 四氯化碳灭火剂。四氯化碳是无色透明液体，不自燃、不助燃、不导电、沸点低（-76.8摄氏度）。当它落入火区时将迅速蒸发，由于其蒸气重（约为空气的5.5倍），很快就会密集在火源周围，起到隔绝空气的作用。当空中含有10%的四氯化碳蒸气时，火焰就会迅速熄灭，因此它是一种很好的灭火剂，特别适用于电气设备的灭火。四氯化碳有一定的腐蚀性，对人体有毒害，在高温时能生成光气，所以近年来已很少使用。

（8）“7501”灭火剂。“7501”灭火剂是一种无色透明的液体。主要成分为三甲氧基硼氧烷，其化学式为$(CH_3O)_3B_2O_3$，是扑灭镁铝合金等轻金属火灾的有效灭火剂。

（9）烟雾灭火剂。烟雾灭火剂是在发烟火药基础上研制的一种特殊灭火剂，呈深灰色粉末状。烟雾灭火剂中的硝酸钾是氧化剂，木炭、硫黄和三聚氰胺是还原剂，它们在密闭系统中可维持燃烧而不需外部供氧。碳酸氢钠为缓燃剂，可降低发烟剂的燃烧速度，使其维持在适当的范围内不致引燃或爆炸。烟雾灭火剂燃烧的产物85%以上为二氧化碳，此外还有氮气等不燃气体。

二、逃生

发生火灾时，如何根据当时的具体情况，采取科学的自救措施，迅速逃离火场是十分关键的。逃生时应当保持沉着、冷静，切忌盲目乱跑，更不要大声叫喊，否则火区内的烟雾和火焰会随着叫喊声而吸入呼吸道，造成伤害。只有沉着、冷静才能化险为夷。

1. 被火围困时的自救

在烟气较大的情况下，通常的做法是及时喷水，这样可以有效地降低浓烟的温度，抑制浓烟蔓延；用毛巾或布蒙住口鼻，可以过滤烟中的微碳粒，减少烟气的吸入；关闭与着火房间相通的门窗，能减少浓烟的侵入；要穿过烟雾逃生时，如烟不太浓，可俯身行走，如烟较浓，须匍匐爬行，在贴近地面的空气层中，烟害往往是比较轻的。

被火围困时，正确地发出求救信号是脱离险境的重要手段。火场上人声嘈杂，烈火飞腾，这时卧着呼救的效果比站着好。因为站着呼救，熊熊烈火会把声波反射回来，外面的人听不见。卧着呼救时，因火势顺空气上升，低矮的地方可燃物已经燃尽，或者还没有燃着，声波容易穿过空隙传出去。

2. 身上着火时的自救

人身上着火一般是衣服着火，奔跑等于加速了空气流通，使燃烧物得到了更多的氧气供给，因此火会越烧越烈。另外，身上着火的人狂奔乱跑，势必会把火种带到别处，有可能引起新的着火点。正确的自救方法如下所述：

身上着火，一般应先脱去衣服帽子，如果一时脱不掉，可把衣服猛撕扔掉，脱去衣帽，身上的火也就灭了。如果衣服在身上烧，不仅会将人烧伤，而且会给以后的抢救治疗增加困难，特别是化纤服装受高温熔融后会与皮肉粘连，而且还有一定的毒性，会使伤势恶化。

如果来不及脱衣服，可以卧倒在地上打滚，把身上的火苗压熄，倘若有其他人在场，可用湿麻袋、毯子等把身上着火的人包起来，就能使火熄灭，或者向着火人身上浇水并帮助将烧着了的衣服撕下来。但是，切不可用灭火器直接向着火人身上喷射，因为灭火器内的药剂会引起伤口感染。

如果身上火势较大，来不及脱衣，旁边又无人帮助灭火，则可以尽快地跳入附近的池塘、水池、小河中，把身上的火熄灭。虽然这样可能对后来的烧伤治疗不利，但是这样做至少可以减轻烧伤程度和面积。这里应指出的是，如果人体已被烧伤，且烧伤面积很大，则不宜跳水，以防感染。

三、火灾现场救护

1. 烧伤的现场救护

烧伤可造成局部组织损伤，轻者损伤皮肤，出现肿胀、水泡、疼痛，重者皮肤被烧焦，甚至血管、神经、肌腱等同时受损，呼吸道也可能烧伤。烧伤引起的剧痛和皮肤有渗出物等因素能导致休克，晚期还会出现感染、败血症等并发症而危及生命。

烧伤对人体组织的损伤程度一般分为三度，可按三度四分法进行分类，见表6—1。

表6—1　　烧伤三度四分法

烧伤分级图例	分度		烧伤分度标度
Ⅰ度烧伤	Ⅰ度		轻度红、肿、痛、热、感觉过敏，表面干燥无水疱，称为红斑性烧伤
Ⅱ度烧伤	Ⅱ度	浅Ⅱ度	剧痛、感觉过敏、有水泡；泡皮剥脱后，可见创面均匀发红，水肿明显；Ⅱ度烧伤又称为水泡性烧伤
		深Ⅱ度	感觉迟钝，有或无水泡，基底苍白，间有红色斑点，创面潮湿
Ⅲ度烧伤	Ⅲ度		皮肤疼痛消失、无弹性，干燥无水泡、皮肤呈皮革状、蜡状，焦黄或被碳化，严重时可伤及肌肉、神经、血管、骨骼和内脏

烧伤休克症状表现为烦渴、烦躁不安、尿少、脉快而细、血压下降、四肢厥冷、发绀、脸色苍白和呼吸加快等。

针对烧伤的原因可分别采取相应的措施：

（1）用冷清水冲洗或浸泡伤处，以降低表面温度。

（2）脱掉受伤处的衣物。

（3）Ⅰ度烧烫伤可涂上外用烧烫伤膏药，一般3～7日可治愈。

（4）Ⅱ度烧烫伤，不要刺破表皮水泡，不要在创面上涂任何油脂或药膏，应用干净清洁的敷料或方巾、床单等覆盖伤部，以保护创面，防止感染。

（5）严重口渴者，可口服少量淡盐水或淡盐茶。条件许可时，可服用烧伤饮料。

（6）呼吸窒息者，做人工呼吸；伴有外伤大出血者应尽快止血；骨折者应进行临时骨折固定。

（7）大面积烧伤伤员或严重烧伤者，应尽快组织转送医院治疗。

2. 窒息和烟雾中毒的现场救护

如果发生缺氧窒息和烟雾中毒，应迅速将伤员转移至空气新鲜流通处，注意保暖和保持安静；对已出现窒息者，速送医院进行气管切开术，对呼吸、心跳骤停者应该实施现场心肺复苏救生术。

3. 其他伤害及救护

在火灾发生后，由于建筑物坍塌或现场人员精神紧张而盲目逃生，可能会造成骨折，如发生骨折，应按照前文所述的方法救治；如发现有心跳、呼吸停止者，应进行现场心肺复苏；对休克者要进行抗休克治疗，并迅速将伤员送入医院。对反应精神失常者和其他疾病者，给予安慰剂和镇静剂；对心脏病发作者当确定病情稳定后再搬运。

4. 途中医疗监护

在使用交通工具运送伤员的途中，应密切注意伤员的脉搏、呼吸和血压变化。对病情较重者需补充液体，路途较长时需要留置导尿管。车速不宜过快，避免颠簸后使伤情加重或出现其他伤害。

第三节　其他伤害及现场救护

一、意外触电事故急救措施

1. 触电症状

轻者有惊吓、发麻、心悸、头晕、乏力等症状，一般可自行恢复。

重者会出现强直性肌肉收缩、昏迷、休克，以心室纤颤为主，低压电流造成上述症状持续数分钟后心跳骤停。高压电流主要伤害呼吸中枢，呼吸麻痹为主要死因。

局部烧伤。低压电流所致伤口小，伤口焦黄，较干燥（似烤煳状）；高压电流或闪电烧伤，表面可有烧伤烙印闪电纹，给人感觉烧伤并不严重，但实际烧伤面积大，伤口深，重者可伤及肌肉、肌腱、血管、神经及骨骼。

2. 伤员脱离电源的处理

触电急救首先要使触电者迅速脱离电源，越快越好，因为电流作用时间越长，对人体伤害就越重。脱离电源就是要把触电者接触的那一部分带电设备的开关或其他断路设备断开，或设法将触电者与带电设备脱离。

（1）在脱离电源前，救护人员不得直接用手触及伤员以免救护人员同时触电，如触电者处于高处，应采取相应措施，防止该伤员脱离电源后自高处坠落形成复合伤。

（2）触电者触及低压带电设备后，救护人员应设法迅速切断电源。如关闭电源开关，拔出电源插头等，或使用绝缘工具，如干燥的木棒、木板、绳索等解脱触电者。另外，救护人员可站在绝缘垫上或干木板上，在使触电者与导电体解脱时，最好用一只手进行。

（3）触电者触及高压带电设备后，救护人员应迅速切断电源或用适合该电压等级的绝缘工具（戴绝缘手套，穿绝缘靴并用绝缘棒）解脱触电者，救护人员在抢救过程中应注意保护自身，与周围带电部分保持必要的安全距离。

（4）在救护触电伤员切除电源时，有时会同时使照明电路断电，因此应考虑事故照明、应急灯等临时照明，新的照明要符合使用场所的防火、防爆要求，但不能因此延误电源切断和人员急救。

3. 伤员脱离电源后的处理

（1）对神志清醒的触电伤员，应使其就地躺平，严密观察其呼吸、脉搏等生命指标，暂时不要让其站立或走动。

（2）对神志不清的触电伤员，也应使其就地躺平，且确保气道通畅，并用5秒的时间呼叫伤员或轻拍其肩部，以判定伤员是否丧失意识，禁止摇动伤员头部呼叫伤员。

（3）对需要进行心肺复苏的伤员，在将其脱离电源后，应立即就地进行有效的心肺复苏抢救。

（4）呼吸、心跳情况的判定。触电伤员如丧失意识，应在10秒内用看、听、试的方法，判定伤员呼吸心跳情况：看伤员的胸部，上腹部有无呼吸起伏动作；用耳贴近伤员的口鼻处，听有无呼吸气的声音；先试测口鼻有无呼气的气流，再用两手指轻试一侧（左或右）喉结旁凹陷处的颈动脉有无搏动。

若采用看、听、试等方法发现伤员既无呼吸又无颈动脉搏动，可判定伤员呼吸心跳停止。

（5）进行心肺复苏抢救。

（6）紧急呼救。大声向周围人群呼救，同时拨打120电话请求急救。

（7）伤员的移动与转送。心肺复苏应在现场就地坚持进行，不要随意移动伤员，如确实需要移动时，抢救中断时间不应超过30秒。

移动伤员或将伤员送医院时，除应使伤员平躺在担架上并在其背部垫以平硬宽木板外，还应继续抢救，对心跳呼吸停止者应继续用心肺复苏技术抢救，并做好保暖工作。

在转送伤员去医院前，应与有关医院取得联系，请求做好接收伤员的准备，同时对触电人员的其他合并伤，如骨折、体表出血等做出相应的处理。

（8）伤员好转后的处理。如伤员的心跳和呼吸经抢救后均已恢复，则可暂停心肺复苏操作，但心跳呼吸恢复后的早期有可能再次骤停，应严密监护，不能大意，要随时准备再次抢救。

二、化学品烧伤急救措施

机械制造企业的化学品烧伤主要包括被强酸烧伤和被强碱烧伤。高浓度酸能使皮肤角质层蛋白质凝固坏死，呈界限明显的皮肤烧伤，并可引起局部疼痛性凝固性坏死。

被强碱烧伤时，由于碱具有吸水作用，会使局部细胞脱水，强碱烧伤后创面呈黏滑或肥皂样变化。

1. 强酸烧伤的急救方法

被各种不同的酸烧伤的皮肤产生的颜色变化也不同，如硫酸创面呈青黑色或棕黑色；硝酸烧伤先呈黄色，以后转为黄褐色；盐酸烧伤则呈黄蓝色；三氯醋酸的创面先为白色，以后变为青铜色等。

此外，颜色的改变还与酸烧伤的深浅有关，潮红色最浅，灰色、棕黄色或黑色则较深。

酸烧伤后立即用水冲洗是最为重要的急救措施，冲洗后一般不需用中和剂，必要时可用2% ~5% 的碳酸氢钠、2.5% 的氢氧化镁或肥皂水处理创面后，仍用大量清水冲洗，以去除剩余的中和溶液。

创面处理采用一般烧伤的处理方法。由于酸烧伤后形成的痂皮完整，宜采用暴露疗法。

2. 强碱烧伤的急救方法

碱烧伤后，应立即用大量清水冲洗创面，冲洗时间越长，效果越好，达 10 小时效果尤佳，但伤后 2 小时处理者效果差。如创面 pH 值达 7 以上，可用 0.5% ~5% 醋酸、2% 硼酸湿敷创面再用清水冲洗。

创面冲洗干净后，最好采用暴露疗法，以便观察创面的变化。深度烧伤应及早进行切痂植皮手术。全身处理同一般烧伤。

三、眼部受伤急救措施

机械制造企业最常见的眼部受伤就是切屑飞入眼睛或化学物质如强酸、强碱溅入眼睛。眼睛是人体中脆弱的部位，一定要采取及时、正确的方法予以处理，以免造成失明。

眼睛受伤的救护方法如下：

轻度眼伤如眼睛进异物，切忌用手揉搓，以防伤到角膜、眼球，可叫现场同伴用肥皂水洗手后，翻开眼皮用干净手绢、纱布将异物拨出。注意不要使用棉花等物品取异物，不要取虹膜或瞳孔口的异物。

如眼中溅入化学物质，要立即用大量清水反复冲洗。如果找不到水龙头，可以用杯中的水冲洗眼睛 15 分钟，并确保水进入眼睛内角。

如果患者戴隐形眼镜应将其摘掉。冲洗后用干净的棉布覆盖患眼，并包扎覆盖双眼，以减少患眼的活动。

重度眼伤，如异物插入眼中，这时千万不要试图拔出插入眼中的异物，若看到眼球鼓出或从眼球中脱出东西，切不可把它推回眼内，这样做十分危险，可能会把能恢复的伤眼弄坏，正确的做法是让伤者仰躺，救护者设法支撑其头部，并尽可能使其保持静止不动，同时可用消毒纱布或刚洗过的新毛巾轻轻盖上伤眼，尽快送往医院。

四、头皮撕脱急救措施

在机械工业中，特别是车床工很容易发生因工人发辫卷入转动的机器而使头皮撕脱的事故。这种工伤来得突然，而且症状严重，常使人束手无策，但万一发生应正确做好应急护理。

遇到这种意外创伤，护理者不要惊慌失措，应立即拉下机器闸刀使机器停下来，并组织人力抢救伤员。

头皮撕脱伤因头发被强行扯拉，一般都可使大块头皮自帽状腱膜下层连同骨膜层一并撕脱，所以要及时用无菌敷料或清洁被单覆盖头部创口，加压包扎。

同时，小心取回被撕脱的头皮，轻轻折叠撕脱内面，外面用清洁布单包裹，随同病人一起送医院处理。要保持绝对干燥，禁止置于任何药液中。

护送途中要安慰病人，并给予少量止痛剂。可以给病人喝开水或盐开水，或由厂医务人员作静脉补液以防休克，应力争在 12 小时之内送入医院作清创等妥善处理。

五、断指急救措施

一旦发生断指事故，首先要抢救伤员生命，检查有无脊髓和神经损伤，并注意保护，防止引起或加重损伤。如有出血，要根据出血部位，选用加压包扎、指压、扎止血带等方法紧急止血，防止休克。疑有骨折、脱位，先不要自行整复，可用夹板、石膏或代用品进行简单固定。活动性出血（如手或足），最好别扎大肢体（如前臂、小腿），这样会扎住静脉，而动脉扎不住，从而会增加出血量，这时采用局部加压法更好些。

做完这些或在此同时，应该处理断指。有时手指未完全断离，仍有一点皮肤或组织相连，其中可能有细小血管，足以提供营养，避免手指坏死，因此务必小心在意，妥善包扎保护，防止血管受到扭曲或拉伸。

断指残端如有出血，应首先止血。肢体、手指断离后，虽失去血脉滋养，但短期内尚有生机，而时间一长，则会变性腐烂。冷藏保存断指可以降低其新陈代谢的速度，维持生机。冬天气温较低，容易做到（8 小时内均可再植）；其他季节，特别是盛夏（6 小时内可再植），天气炎热，此时迅速冷藏低温保存断指尤为重要。可将断指先用无菌敷料或相对干净的布巾等代用品包裹，外面用塑料薄膜密封，然后置于合适的容器如冰瓶内，周围放上冰块，和病人一同转送附近有再植条件的医院。冰块可取自冰箱，若一时难以取得，可用冰棍、雪糕代替。断指不可直接与冰块或冰水接触，以防冻伤变性。酒精可使蛋白质变性，故绝对禁忌将断指直接浸泡于酒精内。如欲冲洗，只可用生理盐水。高渗或低渗溶液，均对组织细胞有害，会影响再植成活率，故不可以用来浸泡、冲洗断指。

六、车辆伤害急救措施

车辆伤害多发生于公路，如行人、自行车被机动车撞伤，摩托车、汽车翻车伤及车内人员等。车辆伤害的主要受伤部位为头部、四肢、盆腔、肝、脾、胸部。引起死亡的主要原因为头部损伤、严重的复合伤和碾压伤。

如果是运输危险化学品的车辆发生了交通事故，不仅会造成人员伤害，还可能由于危险化学品受到撞击、泄漏发生火灾、爆炸或人员中毒等事故。

车辆伤害现场救护原则：

（1）现场应急的顺序为紧急呼救，保护现场，转运伤员。拨打救护电话 120、110、119。

（2）切勿立即移动伤者，除非处境会危害其生命（如汽车着火、有爆炸可能）。

（3）将失事车辆引擎关闭，拉紧驻车制动或用石头固定车轮，防止汽车滑动。

(4) 呼救的同时，现场人员首先要查看伤员的伤情，伤员从车内救出的过程应根据伤情区别进行，脊柱损伤伤员不能拖、拽、抱，应使用颈托固定颈部或使用脊柱固定板，避免脊髓受损或损伤加重导致截瘫。

(5) 实行先救命、后治伤的原则，若伤员呼吸心跳停止，则进行心肺复苏抢救。

(6) 意识清醒的伤员可询问其伤在何处（疼痛、出血、何处活动受限)，并立刻检查受伤部位，进行对症处理，疑有骨折应尽量简单固定后再进行搬运。

(7) 事故发生后应尽可能对现场进行保护，以便给事故责任划分提供可靠证据，并采用最快的方式向交通管理执法部门报告。

(8) 如果交通事故涉及危险化学品，应首先了解危险化学品的种类、名称和危险特性，有针对性地实施应急行动，同时尽量佩戴劳动防护用品，站在上风侧进行现场救护。

七、高空坠落急救措施

1. 高空坠落的危害

在机械制造企业，高空坠落一般发生于行车作业、大型机械设备安装或维修作业中。高空坠落人员通常有多个系统或多个器官的损伤，严重者当场死亡。高空坠落人员除有直接或间接受伤器官外，还可能有昏迷、呼吸窘迫、面色苍白和表情淡漠等症状，可导致胸、腹腔内脏组织器官发生广泛的损伤。高空坠落时，若足部或臀部先着地，则外力可沿脊柱传导到颅脑而致伤；由高处仰面跌下时，背部或腰部受冲击，可引起腰椎韧带撕裂，椎体裂开或椎弓根骨折，易引起脊髓损伤。如果发生脑干损伤，常有较重的意识障碍、光反射消失等症状，也可能出现严重的合并症状。

2. 急救方法

(1) 去除伤员身上的用具和口袋中的硬物。

(2) 在搬运和转送过程中，颈部和躯干不能前屈或扭转，而应使脊柱伸直，绝对禁止一个抬肩一个抬腿的搬法，以免导致或加重截瘫。

（3）对创伤局部妥善包扎，但对疑颅底骨折和脑脊液漏患者切忌做填塞，以免引起颅内感染。

（4）颌面部受伤人员首先应保持呼吸道畅通，撤除假牙，清除移位的组织碎片、血凝块、口腔分泌物等，同时松解伤员的颈部、胸部纽扣。

（5）有复合伤的伤员要使其成平仰卧位，保持呼吸道畅通，并解开其衣领扣。

（6）若周围血管受伤，则应将受伤部位以上的动脉压迫至骨骼上。直接在伤口上放置厚敷料，用绷带加压包扎时以不出血和不影响肢体血液循环为宜。当上述方法无效时慎用止血带，如必须使用止血带，原则上应尽量缩短使用时间，一般以不超过 1 小时为宜，并做好标记，注明上止血带的时间。

（7）有条件时迅速给予静脉补液，增加血容量。

（8）将伤员快速平稳地送医院救治。

八、化学品中毒急救措施

机械制造企业典型的化学品中毒可分为刺激性气体中毒、窒息性气体中毒和有机溶剂中毒，其中，刺激性气体包括盐酸和硫酸酸雾、硫化氢等，窒息性气体包括一氧化碳、二氧化碳、氮气等，有机溶剂包括芳香烃、醇类、醚类等。

化学品中毒的急救措施如下：

（1）首先要中断毒物继续侵入。救护者戴好防毒面具后，迅速将中毒者撤离现场，如果是气体中毒，要将中毒者撤到上风向，并为其脱去已污染的衣服。

（2）如毒物已污染眼部、皮肤，应立即冲洗。

（3）松开领扣、腰带，使伤者呼吸新鲜空气。

（4）静卧、保暖。

（5）对于口服中毒者，首先判断是否该催吐，如果允许，将手指伸进患者口中按压舌根，施加刺激使之反复呕吐。毒物为酸、碱、汽油、漂白剂、杀虫剂、去污剂等时不要催吐，应尽快送医院救治。

化学中毒常伴有休克、呼吸障碍和心脏骤停等症状。应施行心肺复苏术，同时针刺人中穴。

（6）在护送病人去医院的途中，应保持伤员呼吸畅通。并将伤员头部偏向一侧，避免咽下呕吐物；取下假牙，并将伤员舌头拉出引向前方，以防窒息。

九、中暑急救措施

人的体温维持在37摄氏度左右为正常，当气温过高时，体内就会大量失水、失盐并积聚大量余热，同时出现机体代谢紊乱现象，称为中暑。

高温车间、露天劳动或直接在烈日阳光下暴晒或在缺乏空调、通风设备的公共场所的人员，很有可能发生中暑。

1. 中暑症状

（1）中暑先兆。在高温环境下出现大汗、口渴、无力、头晕、眼花、耳鸣、恶心、胸闷、心悸、注意力不集中、四肢发麻等症状，体温不超过37.5摄氏度。

（2）轻度中暑。上述症状加重，体温在38摄氏度以上，出现面色潮红或苍白、大汗、皮肤湿冷、脉搏细弱、心率快、血压下降等呼吸及循环衰竭的症状及体征。

（3）重度中暑。体温在39摄氏度以上，头疼、不安、嗜睡及昏迷，面色潮红、汗闭、皮肤干热、血压下降、呼吸急促、心率快等。

2. 现场救护

（1）搬移：迅速将患者抬到通风、阴凉、甘爽的地方，使其平卧并解开衣扣，松开或脱去衣服，如衣服被汗水湿透应更换衣服。

（2）降温：患者头部可捂上冷毛巾，可用50%酒精、白酒、冰水或冷水进行全身擦浴，然后用扇子或电扇吹风，加速散热。有条件的也可用降温毯给予降温。但不要快速降低患者体温，当体温降至38摄氏度以下时，要停止一切冷敷等强降温措施。

（3）补水：患者仍有意识时，可给一些清凉饮料。在补充水分时，可加入少量盐或小苏打。但千万不可急于补充大量水分，否则，会引起呕吐、腹痛、恶心等症状。

（4）促醒：病人若已失去知觉，可指掐人中、合谷等穴，使其苏醒。

（5）转送：对于重症中暑病人，必须立即送医院诊治。搬运病人时，应用担架运送，不可使患者步行，同时运送途中要注意，尽可能用冰袋敷于病人额头、枕后、胸口、肘窝及大腿根部，积极进行物理降温，以保护大脑、肺等重要脏器。

十、食物中毒急救措施

企业一般都为员工集中供应午餐或加班餐，如果食物储存过久、未加工熟或煮熟后放置时间太长，很容易引发集体性食物中毒。

1. 食物中毒的症状

食物中毒者最常见的症状是剧烈的呕吐、腹泻，同时伴有中上腹部疼痛症状。食物中毒者常会因上吐下泻而出现脱水症状，如口干、眼窝下陷、皮肤弹性消失、肢体冰凉、脉搏细弱、血压降低等，甚至可致休克，如手足发凉、面色发青、血压下降等。

2. 食物中毒现场救护

（1）发现人员食物中毒时，应尽快催吐。可以用筷子或手指轻碰患者咽壁，促使排吐。如毒物太稠，可取食盐 20 克，加凉开水 200 毫升，让患者喝下，多喝几次即可呕吐；或者用鲜生姜 100 克捣碎取汁，用 200 毫升温开水冲服。肉类食品中毒，可服用十滴水促使呕吐。

（2）药物导泻：食物中毒时间超过 2 小时，精神较好者，可服用大黄 30 克，一次煎服；老年体质较好者，可采用番泻叶 15 克，一次煎服或用开水冲服。

（3）解毒护胃：取食醋 100 毫升，加水 200 毫升，稀释后一次服下；或者用紫苏 30 克，生甘草 10 克一次煎服；或者口服牛奶和生鸡蛋清，以保护胃黏膜，减少毒物刺激，阻止毒物吸收，并有中和解毒作用。

（4）如果中毒者已昏迷，则禁止对其催吐。

（5）如果经上述急救，病人的症状未见好转，或中毒较重，应尽快送医院治疗。必要时，尽量收集食物中毒人员的呕吐物或食用的食物，用于医院化验以明确中毒物质，使医生能及时对症下药进行急救。

附一：安全教育试题

安全教育试题（A卷）

公司名称__________　姓名__________　分数__________

一、单项选择题（共70题，每题1分。每题的选项中，只有一个符合题意）

1. 新工人的三级安全教育是指（　　）、车间教育和班组教育。

A. 启蒙教育　　　B. 厂级教育

C. 礼仪教育

2. 三级安全教育中的专业安全技术知识教育是指对某一工种进行操作必须具备的专业安全技术知识教育，不含（　　）知识教育。

A. 锅炉、起重机械　　　B. 防暑降温

C. 工业防尘防毒　　　D. 生产技术

3. 我国的安全生产方针是（　　）。

A. 安全第一、预防为主

B. 安全第一、预防为主、隐患治理

C. 安全第一、以人为本、综合治理

D. 安全第一、预防为主、综合治理

4. “三同时”是指劳动保护设施与主体工程同时设计、同时施工、（　　）。

A. 同时投入生产和使用

B. 同时结算

C. 同时检修

5. 从业人员有权对本单位安全生产工作中存在的问题提出批

评、检举和控告，有权拒绝（　　）和强令冒险作业。

A. 违章作业　　B. 工作安排

C. 违章指挥

6. 安全色中的黄色表示（　　）。

A. 禁止、停止　　B. 注意、警告

C. 必须遵守　　D. 通行、安全

7. 国家颁布的《安全色》标准（GB 2893—2008）中，表示指令、必须遵守的颜色为（　　）。

A. 红色　　B. 蓝色

C. 黄色　　D. 橙色

8. 禁止标志的含义是不准或制止人们的某种行为，它的基本几何图形是（　　）。

A. 带斜杠的圆环　　B. 三角形

C. 圆形　　D. 矩形

9. 凡是操作人员的工作位置在坠落基准面（　　）米以上时，则必须在生产设备上配置供站立的平台和防坠落的防护栏杆。

A. 0.5　　B. 2　　C. 3

10. 安全带是进行高处作业人员预防坠落伤亡的劳动防护用品，其正确使用方法是（　　）。

A. 低挂高用　　B. 高挂低用

C. 水平挂用　　D. 钩挂牢靠，挂位不受限制

11. 新砂轮装入磨头后，应（　　）来检查砂轮是否振动和运转正常。

A. 正常转速运转

B. 点动或低速运转

C. 高速运转

12. 下列（　　）属于特种作业人员。

A. 金属焊接工　　B. 木工　　C. 车工

13. 取得特种作业操作许可证的人员，一般每隔（　　）年必

须进行定期复审。

A. 1　　B. 2　　C. 3

14. 操作机械时，护罩应处于关闭位置，而护罩一旦处于开放位置，就会使机械停止运作，指的是下列哪种运作方式（　　）。

A. 固定式防护罩　　B. 联锁防护罩

C. 可调式防护罩　　D. 活动式防护罩

15. 电焊弧光对人眼的伤害不包括（　　）辐射。

A. 红外线　　B. 紫外线

C. X射线　　D. 可见光

16. 砂轮与工件托架之间的距离应小于被磨工件最小外形尺寸的（　　），最大不准超过（　　）毫米，调整后必须紧固。

A. 1/3，3　　B. 1/3，5　　C. 1/2，3

17. 机床工作结束后，最重要、最优先做的安全工作是（　　）。

A. 清理机床　　B. 关闭机床电气系统和切断电源

C. 润滑机床　　D. 整理工器具

18. 在进行冲压作业时，发现照明灯熄灭，以下处理正确的是（　　）。

A. 不用停机，马上换一个新的灯泡

B. 停机后检查照明并处理

C. 继续作业

19. 下列铸工操作不正确的是（　　）。

A. 保持操作场所干燥　　B. 操作前对工具进行预热

C. 正面看着冒口操作　　D. 撇渣工作要彻底，以防爆炸

20. 磨削机械使用有机类结合剂（例如树脂、橡胶）砂轮的存放时间不应超过（　　）年，长时间存放的砂轮必须经回转试验合格后才可使用。

A. 1　　B. 2

C. 3　　D. 4

21. 机动车辆在厂区干道行驶最高时速不超过（　　）千米/

时，其他道路不得超过（　　）千米/时，在进出厂房、仓库、车间大门等处不得超过（　　）千米/时。

A．30，20，10　　B．30，20，5

C．20，10，5　　D．20，15，5

22．为保证机械设备的安全运行，优先采取的安全措施是（　　）。

A．直接安全技术措施　　B．间接安全技术措施

C．指导性安全技术措施　　D．安全防护装置

23．铸钢砂箱箱壁、箱带开裂可用下列（　　）方法修复。

A．钻孔夹以钢板　　B．冷敲

C．热敲　　D．烧焊

24．下列操作中，（　　）不能防止焊、割作业中的回火现象。

A．焊（割）炬不要过分接近熔融金属

B．焊（割）嘴不能过热

C．乙炔不能开得太大

D．如乙炔气瓶内部已燃烧，要用自来水降温灭火

25．氧气瓶和乙炔气瓶工作间距不应少于（　　）米。

A．3　　B．4

C．5　　D．1

26．操作转动的机器设备时，不应佩戴（　　）。

A．戒指　　B．手套　　C．手表

27．机床运转时，常见的异常有（　　）。

A．刀具断裂　　B．工件飞出

C．绞手　　D．温升异常、机床转速异常

28．平刨床的安全防护装置的主要作用是防止手触及（　　）发生事故。

A．木料　　B．木屑

C．刨刀　　D．节疤

29．木工机械周围的场地应该注意（　　）。

A．经常洒水　　B．保持畅通及避免湿滑
C．提供空气调节　　D．保持通风

30．离焊接作业点（　　）米以内及下方不得有易燃物品，（　　）米以内不得有乙炔发生器或氧气瓶。

A．10，10　　B．10，15
C．5，10　　D．5，15

31．下列关于铣削工作的说法不正确的是（　　）。

A．工人应穿紧身工作服　　B．女同志要戴防护帽
C．操作时要戴手套　　D．铣削铸铁时要戴口罩

32．下列装置，（　　）可以隔离各种切屑和切削液的飞溅。

A．防护栏杆　　B．防护罩
C．防护挡板　　D．保险装置

33．工作场所操作人员每天连续接触8小时噪声的限值是（　　）。

A．70分贝　　B．85分贝　　C．60分贝

34．剪床操作中，（　　）是不安全的。

A．两人同时在一部剪床上剪切两种材料
B．拒绝在剪床上剪切无法压紧的狭窄钢条
C．停机后把离合器放在空挡位置

35．如不能设置专用的砂轮机房，则砂轮机正面应（　　）。

A．贴警示标志
B．紧靠围墙
C．装设不低于1.8米的防护挡板
D．装设隔离的防护栏

36．带状切屑不仅能划伤工件表面、损坏刀具，而且极易伤人，故常采用（　　）的方法将其折断成粒状、半环状、螺旋状等。

A．操作者戴护目镜　　B．在车床上安装防护挡板
C．脆铜卷屑车刀　　D．断屑

37. 电器着火时下列不能用的灭火方法是（　　）。

A. 用四氯化碳灭火器灭火

B. 用沙土灭火

C. 用泡沫灭火器灭火

38. 镗削加工开始时，应用（　　）进给，使刀具接近加工部位时，再用（　　）进给。

A. 手动，机动　　B. 机动，手动

C. 机动，机动　　D. 手动，手动

39. 下列关于防止冲压伤害防护技术的论述中不准确的是（　　）。

A. 使用手用安全工具操作，避免手伸进冲模行程内

B. 设置防护装置以避免手伸进冲模行程内或手在危险区时使机器不能启动

C. 采用模具防护措施，加护罩缩小危险区，或采用多工序模具以减少手工操作

D. 禁止设夜班

40. 电焊作业过程中，不常见的事故是（　　）。

A. 电击　　B. 弧光伤害

C. 物体打击　　D. 火灾

41. 操作机械设备时，操作工人要穿“三紧”工作服，“三紧”工作服是指（　　）紧、领口紧和下摆紧。

A. 袖口　　B. 腰部　　C. 裤腿

42. 需两人以上操作的大型机床，必须确定（　　），由其统一指挥，互相配合。

A. 主操作人员　　B. 技术人员　　C. 维修人员

43. 高温强热辐射作业指的是工作地点气温在 30 摄氏度以上或工作地点气温高于夏季室外气温（　　）摄氏度以上，并有较强辐射的热作业。

A. 1　　B. 2　　C. 3

44. 防止毒物危害的最佳方法是（　　）。

A. 穿工作服

B. 佩戴呼吸器具

C. 使用无毒或低毒的代替品

D. 远离毒物

45. 毒物在人体内不断蓄积，可能导致（　　）。

A. 慢性中毒　　B. 急性中毒　　C. 突然昏迷

46. 对人体骨髓造血功能有损害的是（　　）。

A. 二氧化硫中毒　　B. 氯化苯中毒　　C. 亚硝酸钠中毒

47. 局部振动对人体的危害不包括（　　）。

A. 皮肤感觉迟钝　　B. 窦性心律不齐

C. 肌肉萎缩　　D. 足痛

48. 楼内失火应（　　）。

A. 从疏散通道逃离

B. 乘坐电梯逃离

C. 在现场等待救援

49. 当遇到火灾时，要迅速向（　　）的方向逃生。

A. 着火相反　　B. 人员多　　C. 安全出口

50. 在相对封闭的房间里发生火灾时（　　）。

A. 不能随便开启门窗　　B. 只能开窗　　C. 只能开门

51. 发生火灾时，应贯彻执行（　　）的准则。

A. 灭火重于救人

B. 救物重于救火

C. 救人重于救火

52. 扑救电气火灾时，应使用黄沙、二氧化碳、（　　）等灭火器材灭火。

A. 干粉　　B. 水　　C. 泡沫

53. 发现有人触电时，不得采取的应急措施是（　　）。

A. 立即断电

B. 用手拉触电者，使其脱离电源

C. 使触电者就地仰面平躺

D. 坚持用心肺复苏法进行抢救

54. 木工压刨、平刨更换刀具时，操作者（　　）戴手套；金属切削车床在进行车削加工时，（　　）戴手套。

A. 不应，不应　　B. 应，不应

C. 不应，应　　D. 应，应

55. 对受伤人员进行急救的第一步应该是（　　）。

A. 观察伤者有无意识

B. 对出血部位进行包扎

C. 进行心脏按压

56. 以下（　　）方法不利于保持患者的呼吸道畅通。

A. 下颌向胸部靠近

B. 下颌抬高，头部后仰

C. 解开衣领、松开领带

57. 进行心脏按压时，应用（　　）放在按压位置。

A. 手背面　　B. 手掌掌根部位　　C. 手掌指端部位

58. 当有异物进入眼内时，以下方法中（　　）不正确。

A. 用手揉眼，把异物揉出来

B. 反复眨眼，用眼泪将异物冲出来

C. 用清水冲洗眼睛

59. 搬运脊椎骨折伤员，（　　）是正确的。

A. 由一人背起伤员

B. 两人或多人抬伤员

C. 首先固定断骨上、下两关节，由 4 ~ 5 人同时平抬起伤者，使伤者脊椎姿势固定不动

60. 在高温场所，作业人员出现体温在 39 摄氏度以上，突然昏倒，皮肤干热、无汗等症状，应该判定为（　　）。

A. 感冒　　B. 重症中暑　　C. 中毒

61. 当被烧伤时，正确的急救方法应该是（　　）。

A. 以最快的速度用冷水冲洗烧伤部位

B. 立即用嘴吹灼伤部位

C. 包扎后去医院诊治

62. 发生手指切断事故后，下列对断指进行处理的方法中，（ ）是正确的。

A. 用水清洗断指后，与伤者一同送往医院

B. 用纱布包好，放入清洁的塑料袋中，并将其放入低温环境中，与伤者一同送往医院

C. 把断指放入盐水中，与伤者一同送往医院

63. 机械设备可造成碰撞、夹击、剪切、卷入等多种伤害。锻压机械最容易造成伤害的危险部位是（ ）。

A. 锻锤的锤体、压力机的滑枕

B. 锻锤的锤体、锻锤的摩擦轮

C. 压力机曲柄和连杆、滑枕

D. 锻锤的摩擦轮、压力机曲柄和连杆

64. 机械设备可造成碰撞、夹击、剪切、卷入等多种伤害。所以识别机械设备的危险部位非常重要。下列机械设备部位不属于危险部位的是（ ）。

A. 旋转部件和成切线运动部件间的咬合处

B. 金属刨床的工作台

C. 机床底座

D. 旋转的凸块

65. 以下有关紧急事故开关（也称急停开关）叙述不正确的是（ ）。

A. 紧急停车开关应保证瞬时动作时能终止设备的一切运动

B. 紧急停车开关的形状应区别于一般开关，颜色为红色

C. 紧急停车开关的布置应保证操作人员易于触及，且不发生危险

D. 设备由紧急停车开关停止运行后，恢复紧急停车开关就能使机器重新运转

66. 下列不属于金属切削机床的危险因素的是（ ）。

A. 静止部件　　B. 往复运动或滑动

C．飞出物　　　　　　　　D．外旋转咬合

67．木工机械多采用手工送料，容易发生手与刀刃接触，造成伤害。因为木工机械属于（　　）机械，所以木工机械伤手事故较多。

A．低速　　　　　　　　　B．中低速

C．中速　　　　　　　　　D．高速

68．在进行木材的加工过程中，造成皮肤症状、视力失调、中毒等现象的原因是（　）。

A．辐射

B．木材的生物、化学危害

C．噪声、振动的危害

69．漏电保护装置主要用于（　　）。

A．减小设备及线路的漏电

B．防止供电中断

C．减少线路损耗

D．防止人身触电事故及漏电火灾事故

70．身上着火后，下列灭火方法错误的是（　　）。

A．就地打滚

B．用厚重衣物覆盖压灭火苗

C．迎风快跑

二、多项选择题（共15题，每题2分。每题的选项中，有2个或2个以上符合题意。错选，本题不得分；少选，所选的每个选项得0.5分）

1．按照《安全生产法》的规定，从业人员的安全生产义务包括（　）。

A．遵章守规，服从管理的义务

B．佩戴和使用劳动防护用品的义务

C．接受培训，提高安全生产素质的义务

D．发现事故隐患及时报告的义务

E．参与本单位事故应急救援的义务

2. 按照《安全生产法》的规定，从业人员的安全生产权利包括（　　）。

A. 享受工伤保险和伤亡赔偿权

B. 危险因素和应急措施的知情权

C. 安全管理的批评检控权

D. 拒绝违章指挥和强令冒险作业权

E. 紧急情况下的停止作业和紧急撤离权

3. 企业一旦发生事故，从业人员应及时向有关负责人报告事故情况，并做好（　　）。

A. 协助抢救，减少伤亡的工作

B. 配合事故调查，如实提供证据

C. 如实反映事故情况

D. 为事故保守秘密

4. 依据《安全生产法》及有关法律的规定，从业人员违反有关规章制度和操作规程的应当按照（　　）处理。

A. 警告　　B. 记过

C. 降级　　D. 开除

E. 追究其刑事责任

5. 依据《职业病防治法》的规定，产生职业病危害的用人单位负有将职业危害公告的义务，公告的内容包括（　　）。

A. 职业病防治的规章制度

B. 职业病防治的操作规程

C. 职业病患者个人信息

D. 职业病危害事故应急救援措施

E. 工作场所职业病危害因素检测结果

6. 影响电流对人体伤害程度的主要因素有（　　）。

A. 电流的大小与电压的高低

B. 人体电阻与人体状况

C. 通电时间的长短

D. 电流的频率

7．以下关于对氧气瓶的操作正确的是（　　）。

A．氧气瓶冻结时可以用温水解冻

B．氧气瓶应远离高温场所和明火

C．为保证氧气的纯度，氧气瓶再次充装前，应将氧气全部用尽

D．氧气瓶严禁接触油脂

8．金属切削过程中最有可能发生（　　）。

A．中毒　　B．触电事故

C．灼烫　　D．机械伤害

9．在锻造车间，锻工可能受到的主要伤害包括（　　）。

A．噪声引起的听力损失　　B．烫伤

C．机械伤害　　D．中毒

10．焊接作业需穿戴的防护用品一般包括（　　）。

A．焊接工作服　　B．手套

C．焊接面罩　　D．防尘口罩

11．产生噪声的主要工艺包括（　　）。

A．铸造车间　　B．打磨车间

C．冲压车间　　D．机加工

12．铸造车间的职业危害因素包括（　　）。

A．生产性粉尘　　B．高温、热辐射

C．一氧化碳　　D．噪声和振动

13．下列关于铣削工作的说法正确的是（　　）。

A．工人应穿紧身工作服

B．女同志要戴防护帽

C．操作时要戴手套

D．铣刀或工件高速旋转时要戴护目镜

14．以下关于被火围困时自救的说法正确的是（　　）。

A．用毛巾或布蒙住口鼻

B．关闭与着火房间相通的门窗

C．在烟较浓的地方匍匐爬行

D. 站着发出求救信号

15. 化学品中毒的急救措施包括（　　）。

A. 将中毒者撤到上风向

B. 立即用水冲洗受污染的皮肤

C. 保持呼吸畅通

D. 服用导泻药物

E. 立即送往医院

安全教育试题（B卷）

公司名称__________ 姓名__________ 分数__________

一、单项选择题（共70题，每题1分。每题的选项中，只有一个符合题意）

1. 依据《安全生产法》的规定，生产经营单位的从业人员有权了解其作业场所和工作岗位存在的危险因素、防范措施及（　　）。

A. 劳动用工情况　　B. 安全技术措施

C. 安全投入资金情况　　D. 事故应急措施

2. 以下关于“三违”的说法不正确的是（　　）。

A. 违章指挥　　B. 违章操作

C. 违反领导意图　　D. 违反劳动纪律

3. 工伤保险费应当由（　　）缴纳。

A. 单位

B. 职工个人

C. 一部分由职工个人缴纳，一部分由单位

4. 国家标准《安全色》（GB 2893—2008）中规定的4种安全色是（　　）。

A. 红、蓝、黄、绿　　B. 红、蓝、黑、绿

C. 红、青、黄、绿　　D. 白、蓝、黄、绿

5. 安全标志分为4类，分别是（　　）。

A. 通行标志、禁止通行标志、提示标志和警告标志

B. 禁止标志、警告标志、命令标志和提示标志

C. 禁止标志、警告标志、指令标志和提示标志

D. 禁止标志、警告标志、命令标志和通行标志

6. “三不伤害”是指（　　）。

A. 不伤害自己、不伤害家人、不伤害领导

B. 不伤害自己、不伤害他人、不被他人伤害

C. 不伤害身体、不伤害设备、不伤害工具

7. 对企业发生的事故，坚持依照（　　）原则进行处理。

A. 预防为主　　B. 四不放过　　C. 三同时

8. 生产经营单位应当向从业人员如实告知作业场所和工作岗位存在的（　　）、防范措施以及事故应急措施。

A. 危险因素　　B. 事故隐患

C. 设备缺陷　　D. 重大危险源

9. 机动车辆在厂区干道行驶最高时速不超过（　　）千米/时，其他道路不得超过（　　）千米/时，在进出厂房、仓库、车间大门等不得超过（　　）千米/时。

A. 30，20，10　　B. 30，20，5

C. 20，10，5　　D. 20，15，5

10. 工人操作机械设备时，穿紧身合适工作服的目的是防止（　　）。

A. 着凉

B. 被机器转动部分缠绕

C. 被机器弄污

11. 三级安全教育中的专业安全技术知识教育是指对某一工种进行操作必须具备的专业安全技术知识教育，不含（　　）知识教育。

A. 锅炉、起重机械　　B. 防暑降温

C. 工业防尘防毒　　D. 生产技术

12. “三同时”是指劳动保护设施与主体工程同时设计、同时施工、（　　）。

A. 同时投入生产和使用

B. 同时结算

C. 同时检修

13. 禁止标志的含义是不准或制止人们的某种行为，它的基本几何图形是（　　）。

A. 带斜杠的圆环　　B. 三角形

C. 圆形　　　　　　　　　D. 矩形

14. 新砂轮装入磨头后，应（　　）来检查砂轮是否振动和运转正常。

A. 正常转速运转　　　B. 点动或低速运转　　　C. 高速运转

15. 取得特种作业操作许可证的人员，一般每隔（　　）年必须进行定期复审。

A. 1　　　　　　　　　　B. 2　　　　　　　　　　C. 3

16. 在冲压机械中，人体受伤最多的部位是（　　）。

A. 手和手指　　　　　　　B. 脚

C. 眼睛　　　　　　　　　D. 后背

17. 当操作打磨工具时，必须使用（　　）。

A. 围裙　　　　　　　　　B. 防潮服

C. 护眼罩　　　　　　　　D. 防静电服

18. 以下对剪切机的操作规定，错误的是（　　）。

A. 操作前要进行空车试转

B. 操作时，为保证准确，应用手直接帮助送料

C. 电动机不准带负荷启动，开车前应将离合器脱开

D. 剪板机的皮带、飞轮以及轴等运动部位应安装防护罩

19. 所有机器的危险部分，应（　　）来确保工作安全。

A. 标上机器制造商名牌

B. 涂上警示颜色

C. 安装合适的安全防护装置

D. 标上警示牌

20. 用酸洗除垢属于（　　）。

A. 手工除垢　　　　　　　B. 机械除垢

C. 化学除垢　　　　　　　D. 物理除垢

21. 为保证机械设备的安全运行，优先采取的安全措施是（　　）。

A. 直接安全技术措施

B. 间接安全技术措施

C. 指导性安全技术措施

D. 安全防护装置

22. 机械设备操作中经常出现的危险有（　　）。

A. 机械伤害、触电、中毒

B. 机械伤害、触电、噪声、振动

C. 触电、火灾、爆炸、物体打击

D. 机械伤害、火灾、爆炸、辐射

23. 铸钢砂箱箱壁、箱带开裂可用（　　）方法修复。

A. 钻孔夹以钢板　　B. 冷敲

C. 热敲　　D. 烧焊

24. 锻造生产中使用煤气加热炉时，若停炉应先关（　　），再关（　　），最后关（　　）。

A. 总阀，煤气阀，空气阀

B. 煤气阀，总阀，空气阀

C. 空气阀，煤气阀，总阀

D. 煤气阀，空气阀，总阀

25. 下列操作中，（　　）不能防止焊、割作业中的回火现象。

A. 焊（割）炬不要过分接近熔融金属

B. 焊（割）嘴不能过热

C. 乙炔不能开得太大

D. 如乙炔气瓶内部已燃烧，要用自来水降温灭火

26. 氧气瓶和乙炔气瓶工作间距不应少于（　　）米。

A. 3　　B. 4

C. 5　　D. 1

27. 进行电焊、气焊等具有火灾危险的作业人员和自动消防系统的操作人员，必须（　　）。

A. 满十六周岁

B. 持证上岗

C. 具有相应学历

D. 无妨碍从事本工种作业的疾病

28. 车床、钻床、镗床、铣床的主运动形式是（　　）。

A. 直线运动　　　　B. 旋转运动

C. 切削运动　　　　D. 进给运动

29. 下列各组工伤事故，全都是锻造生产容易发生的事故的是（　　）。

A. 火灾、车辆伤害、电气伤害

B. 火灾、爆炸、烫伤

C. 高处坠落、烫伤、射线伤害

D. 高处坠落、烫伤、电气伤害

30. 剪板机操作者送料的手指离剪刀口应保持最少（　　）毫米的距离。

A. 50　　　　B. 100

C. 200　　　　D. 300

31. 电焊弧光对人眼的伤害不包括（　　）辐射。

A. 红外线　　　　B. 紫外线

C. X 射线　　　　D. 可见光

32. 砂轮与工件托架之间的距离应小于被磨工件最小外形尺寸的（　　），最大不准超过（　　）毫米，调整后必须紧固。

A. 1/3，3　　　　B. 1/3，5　　　　C. 1/2，3

33. 机床运转时，常见的异常有（　　）。

A. 刀具断裂　　　　B. 工件飞出

C. 绞手　　　　D. 温升异常、机床转速异常

34. 离焊接作业点（　　）米以内及下方不得有易燃物品，（　　）米以内不得有乙炔发生器或氧气瓶。

A. 10，10　　　　B. 10，15

C. 5，10　　　　D. 5，15

35. 下列装置中，（　　）可以隔离各种切屑和切削液的飞溅。

A. 防护栏杆　　　　B. 防护罩

C. 防护挡板　　　　D. 保险装置

36. 工作台、机床上使用的局部照明灯，电压一般不得超过

（　　）伏。

A. 36　　　　B. 20

C. 110　　　　D. 220

37. 在锻造生产中，易发生的外伤事故不包括（　　）。

A. 机械伤，即由机器、工具或工件直接造成的刮伤、碰伤

B. 由灼热的工件引起的烫伤

C. 高处坠落引起的摔伤

D. 触电导致的伤害

38. 高速旋转的砂轮破裂，砂轮碎块飞出伤人是砂轮机最严重的事故。在手持工件进行磨削，或对砂轮进行手工修整时，为防止砂轮意外破碎伤人，操作人员应站立在砂轮的（　　）。

A. 圆周面正前方，避免侧面方向

B. 侧面方向，避免圆周面正前方

C. 最好侧面方向，其次圆周面方向

D. 最好圆周面方向，其次侧面方向

39. 在未做好下列（　　）工作以前，千万不要开动机器。

A. 通知主管

B. 检查过所有安全护罩是否安全可靠

C. 机件擦洗

D. 通电前

40. 带状切屑不仅能划伤工件表面、损坏刀具，而且极易伤人，故常采用（　　）的方法将其折断成粒状、半环状、螺旋状等。

A. 操作者戴护目镜

B. 在车床上安装防护挡板

C. 脆铜卷屑车刀

D. 断屑

41. 镗削加工开始时，应用（　　）进给，使刀具接近加工部位时，再用（　　）进给。

A. 手动，机动　　　　B. 机动，手动

C. 机动，机动　　　　D. 手动，手动

42. 高温强热辐射作业指的是工作地点气温在 30 摄氏度以上或工作地点气温高于夏季室外气温（　　）摄氏度以上，并有较强辐射的热作业。

A. 1　　　　B. 2　　　　C. 3

43. 毒物在人体内不断蓄积，可能导致（　　）。

A. 慢性中毒　　　　B. 急性中毒　　　　C. 突然昏迷

44. 在（　　）的情况下，不可进行机器的维修工作。

A. 没有安全员在场

B. 机器在开动中

C. 没有操作手册

45. 电流通过人体内部，使肌肉痉挛收缩而造成伤害，破坏人的心脏、肺部和神经系统，甚至危及生命，电流对人体的这种伤害叫作（　　）。

A. 电灼伤　　　　B. 电击　　　　C. 电伤

46. 职业病目录共分（　　）类，（　　）种疾病。

A. 10，132　　　　B. 8，115

C. 12，112　　　　D. 9，112

47. 生产性粉尘对人体有多方面的不良影响，尤其是含有（　　）的粉尘，能引起严重的职业病——矽肺。

A. 有毒物质　　　　B. 放射性物质

C. 铅　　　　D. 游离二氧化硅

48. （　　）是人体摄入生产性毒物最主要、最危险的途径。

A. 呼吸道　　　　B. 消化道

C. 皮肤　　　　D. 眼睛

49. 下列疾病，（　　）不是油漆工因为接触油漆涂料引起的。

A. 呼吸道损坏　　　　B. 视网膜损坏

C. 接触性皮炎　　　　D. 过敏性鼻炎

50. 在发生安全事故时，应迅速拨打的报警电话是：匪警（　　），火警（　　），交通事故（　　），急救（　　）。

A. 110，122，120，119

B. 110，119，122，120

C. 110，119，120，122

D. 119，110，122，120

51. 灭火器上的压力表用红、黄、绿三色表示灭火器的压力情况，当指针指在绿色区域时表示（　　）。

A. 正常　　B. 偏高　　C. 偏低

52. 高层楼发生火灾后，不能（　　）。

A. 乘电梯下楼　　B. 用毛巾堵住口鼻　　C. 从楼梯跑下楼

53. 使用灭火器扑救火灾时要对准火焰（　　）喷射。

A. 上部　　B. 中部　　C. 根部

54. 下列（　　）灭火器不能用来扑灭气体火灾。

A. 水剂　　B. 二氧化碳　　C. 泡沫

55. 火灾初起阶段是扑救火灾（　　）的阶段。

A. 最不利　　B. 最有利　　C. 较不利

56. 在人员聚集的公共场所或工作场所，建筑物的门窗宜采用（　　）。

A. 推拉式　　B. 向内开启式

C. 向外开启式　　D. 任何方式

57. 电器着火时下列不能用的灭火方法是（　　）。

A. 用四氯化碳灭火器灭火

B. 用沙土灭火

C. 用泡沫灭火器灭火

58. 被电击的人能否获救，关键在于（　　）。

A. 触电的方式

B. 人体电阻的大小

C. 触电电压的高低

D. 能否尽快脱离电源和施行紧急救护

59. 食物中毒后，应急措施不包括（　　）。

A. 休息　　B. 催吐

C. 导泻　　D. 解毒

60. 眼睛被强碱灼伤后，首先采取的正确方法是（　　）。

A. 点眼药膏

B. 立即开大眼睑，用清水冲洗眼睛

C. 马上到医院看急诊

61. 浓硫酸洒在皮肤上，应该采用下列（　　）方法。

A. 马上用水冲洗

B. 去医院

C. 用干净布或卫生纸将硫酸粘下，并迅速用大量凉水冲洗皮肤

62. 以下物品中（　　）不能用做止血带。

A. 铁丝　　B. 领带　　C. 毛巾

63. 以下（　　）出血最具危险性，如不及时处理将造成生命危险。

A. 毛细血管出血　　B. 静脉出血　　C. 动脉出血

64. 下列物品不属于劳动防护用品的是（　　）。

A. 安全帽　　B. 护目镜

C. 防噪声耳塞　　D. 应急灯

65. 电焊机一次线的长度不能大于（　　）米。

A. 2　　B. 5

C. 8　　D. 10

66. 新工人的三级安全教育是指（　　）、车间教育和班组教育。

A. 启蒙教育　　B. 厂级教育　　C. 礼仪教育

67. 机械制造企业的三级安全教育授课时间累计不能少于（　　）学时。

A. 72　　B. 40

C. 20　　D. 24

68. 我国的安全生产方针是（　　）。

A. 安全第一、预防为主

B. 安全第一、预防为主、隐患治理

C. 安全第一、以人为本、综合治理

D. 安全第一、预防为主、综合治理

69. 安全管理的“3E”原则是指技术措施、教育措施和（　　）。

A. 强制措施　　B. 将励措施　　C. 训练措施

70. 从业人员有权对本单位安全生产工作中存在的问题提出批评、检举和控告，有权拒绝（　　）和强令冒险作业。

A. 违章作业　　B. 工作安排　　C. 违章指挥

二、多项选择题（共15题，每题2分。每题的选项中，有2个或2个以上符合题意。错选，本题不得分；少选，所选的每个选项得0.5分）

1. 生产性毒物进入人体的主要途径包括（　　）。

A. 呼吸道　　B. 消化道

C. 泌尿系统　　D. 皮肤

2. 电焊作业可能引起的疾病主要有（　　）。

A. 电焊工尘肺　　B. 气管炎

C. 电光性眼炎　　D. 皮肤病

3. 机床设备常见的异常现象有（　　）。

A. 局部温升异常或机床转速异常

B. 运转时出现严重的振动和过大的噪声或出现撞击声

C. 出现裂纹，由于腐蚀而引起的缺陷或绝缘性能降低

D. 输入输出参数异常，如功率突变等

E. 电压过高或过低

4. 发现人员触电时，为使其脱离电源，不正确的做法是（　　）。

A. 立即用手拉开触电人员

B. 用绝缘物体拨开电源或触电者

C. 用铁棍拨开电源线

5. 下列物质发生火灾，可以用水扑灭的有（　　）。

A．金属钠 B．电石

C．带电的电缆 D．煤炭

E．木材

6．下列不属于法定职业病的是（ ）。

A．腰背痛 B．颈肩痛

C．铸工尘肺 D．焊工高血压

7．噪声对人体中枢神经系统的影响是（ ）。

A．心跳加快 B．血压升高

C．消化不良 D．失眠

8．长期在高温环境中工作，会出现（ ）。

A．心跳加快 B．血压升高

C．食欲不振 D．注意力降低

9．以下有关紧急停车开关功能描述正确的是（ ）。

A．紧急停车开关应保证瞬时动作时能终止设备的一切运动

B．对有惯性运动的设备，紧急停车开关应与制动器或离合器联锁，以保证迅速终止运行

C．紧急停车开关的形状应区别于一般开关，颜色为红色

D．紧急停车开关的布置应保证操作人员易于触及，且不发生危险

E．设备由紧急停车开关停止运行后，恢复紧急停车开关即可重新运转

10．使用砂轮机磨削工件不安全的作业行为是（ ）进行磨削。

A．站在砂轮侧面

B．正对砂轮的圆周面

C．2 人共同使用一个砂轮

D．利用砂轮的侧面

E．戴工作手套

11．疲劳分为肌肉疲劳和精神疲劳，产生这些疲劳的原因有（ ）。

A. 缺乏工作兴趣

B. 工作环境很差

C. 劳动效果不佳

D. 劳动环境缺少安全感

E. 劳动制度和生产组织不合理

12. 在人机系统中，一般来说，以下（　　）作业应分配给机器承担。

A. 笨重的　　B. 检查

C. 精度高的　　D. 维修

E. 可靠性高的

13. 按照《安全生产法》的规定，从业人员的安全生产义务包括（　　）。

A. 遵章守规，服从管理的义务

B. 佩戴和使用劳动防护用品的义务

C. 接受培训，提高安全生产素质的义务

D. 发现事故隐患及时报告的义务

E. 参与本单位事故应急救援的义务

14. 按照《安全生产法》的规定，从业人员的安全生产权利包括（　　）。

A. 享受工伤保险和伤亡赔偿权

B. 危险因素和应急措施的知情权

C. 安全管理的批评检控权

D. 拒绝违章指挥和强令冒险作业权

E. 紧急情况下的停止作业和紧急撤离权

15. 依据《安全生产法》及有关法律的规定，从业人员违反有关规章制度和操作规程的应当按照以下几方面处理（　　）。

A. 警告　　B. 记过　　C. 降级

D. 开除　　E. 追究其刑事责任

附二：安全教育试题参考答案

A 卷答案

一、单项选择题

1—5 BDDAC　6—10 BBABB　11—15 BABBC
16—20 CBBCB　21—25 BCDCC　26—30 BDCBC
31—35 CCBAC　36—40 DCADC　41—45 AABCA
46—50 BDACA　51—55 CABBA　56—60 ABACB
61—65 ABACD　66—70 DDBDC

二、多项选择题

1．ABCD　2．ABCDE　3．ABC
4．ABCDE　5．ABDE　6．ABCD
7．ABD　8．BD　9．ABC
10．ABCD　11．ABC　12．ABCD
13．ABD　14．ABC　15．ABCE

B 卷答案

一、单项选择题

1—5 DCAAC　6—10 BBBBB　11—15 DAABB
16—20 ACBCC　21—25 CBDDC　26—30 CBBBC
31—35 CCDCC　36—40 ACBBD　41—45 ABABB
46—50 ADABB　51—55 AACCB　56—60 CCDAB
61—65 CACDB　66—70 BDDAC

二、多项选择题

1．ABD　2．AC　3．ABCD

4. AC　5. DE　6. ABD
7. ABCD　8. ABCD　9. ABCD
10. BCD　11. ABCDE　12. ACE
13. ABCD　14. ABCDE　15. ABCDE